U0017770

塑膠微粒的尺寸 5mm 以下

塑膠微粒是流入大海的塑膠垃圾分解而成的物質。魚類等海洋生物吞下這些塑膠微粒，人類再吃下那些魚蝦海鮮，體內就會累積有害的塑膠成分，損害健康。

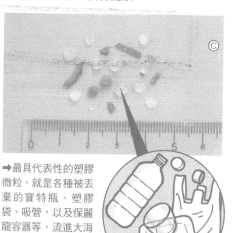

C

➡最具代表性的塑膠微粒，就是各種被丟棄的寶特瓶、塑膠袋、吸管，以及保麗龍容器等，流進大海後受海浪與紫外線的影響與破壞所形成的小碎塊。

很耐旱！

而且聽說

我們生活中居然有這種生物！

世界最小的電腦 1mm 正方

下面這張照片上的微型電腦並不是指尖上那片正方形，而是在那片正方形上的兩個小點（黑色箭頭處）。微型電腦的開發，是為了鑲嵌在產品上，證明該產品是真貨。

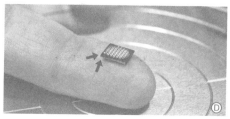

D

E

←將微型電腦放在岩鹽堆上比較看看……居然比一顆鹽粒還小！它是靠太陽能電池驅動。

報紙照片的「網點」 大約 0.3 mm

報紙上的黑白照片是以稱為「網點」的細小黑點排列構成。拿顯微鏡放大一看，就會發現暗色部分的網點顆粒較大且數量多，明亮部分的網點顆粒較小且數量少。

日曜經濟 輸出

◄放大人物照片的眼睛部分仔細看……

➡放大後看是這樣。這張照片的最大網點尺寸約直徑0.3 mm。

透過數字看微小世界①

勉強可用肉眼看見的東西、就在身邊卻不知道的東西等，
各種毫米尺寸的大集合！

米粒的大小 5mm Ⓑ

右邊是米雕藝術家秋乃的作品，一顆顆不倒翁都是徒手繪製的！

←用手指夾住米粒，搭配放大鏡，以極細毛筆或鋼珠筆寫字上色。Ⓐ

最強生物!? 水熊蟲的大小 0.1~1mm

水熊蟲是鼠婦、螞蟻等節肢動物的近親，可在水池或路旁苔蘚等處找到。牠能夠生長在任何地方，即使是在-272℃到100℃的溫度下、曝晒在放射線下、在真空狀態中，牠都能夠存活下來，因此被稱為「最強生物」。

© SPL/PPS 通訊社

本書中出現的長度單位

各位在學校學到的長度最小單位是「毫米（mm）」，但本書出現的最小單位是毫米的1000分之1，也就是「微米（μm）」，以及微米的1000分之1，也就是「奈米（nm）」。如果有人問你：「1奈米等於多少毫米？」的時候，請參考右表。

cm 公分	mm 毫米	μm 微米	nm 奈米
1	10	10000	10000000
0.1	1	1000	1000000
0.0001	0.001	1	1000
0.0000001	0.000001	0.001	1

影像提供／米粒工房ⒶⒷ、日本海上保安廳Ⓒ、IBM ⒹⒺ

科學大冒險

觀察 微物 小宇宙

角色原作：**藤子‧F‧不二雄**

漫畫：**肘岡誠**　日文版審定：近藤俊三（日本電子株式會社技術顧問）

譯者：黃薇嬪　台灣版審訂：陳俊堯

哆啦A夢 科學大冒險

觀察 微物 小宇宙

目錄

※前一頁的照片是日本預定在2024年上半年發行的新款千元鈔（引用自日本財務省網站）。

向生物學習了不起的技術 Part 1 ……… 92

向生物學習了不起的技術 Part 2 ……… 100

奈米科技催生出的夢幻新素材 ……… 111

………124

← 光學顯微鏡看到的星砂（看起來像砂粒、星形的生物外殼）。對焦清楚的範圍很窄。

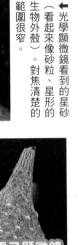

→ 用電子顯微鏡觀察，就會發現畫面對焦清晰，但是看不到顏色。

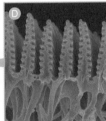

↑ 閃蝶的翅膀沒有顏色，靠鱗粉（右上是剖面的顯微鏡照片）反射藍光，因此看起來是藍色。

→ 有車商利用這項技術，使車身看起來是藍色。

● 角色原作／

藤子・F・不二雄

● 漫畫／肘岡誠

● 審訂／近藤俊三
（日本電子株式會社技術顧問）

● 封面・內頁設計／
堀中亞理＋Bay Bridge Studio

● 插畫／阿部義記、杉山真理

● 編輯／藤田健一

影像提供／近藤俊三 ⒶⒷⒹ、Lexus International ⒸⒺ

3

歡迎來到微型世界！

光學顯微鏡篇

相信大家應該都用過光學顯微鏡。我們來看看生物和物質有哪些肉眼看不見的祕密吧！

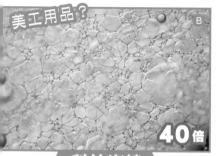

美工用品？

40倍

科技海綿

這個海綿只要沾水就能夠去除髒汙。堅硬細小的美耐皿纖維能夠摩擦擦掉汙垢，因此不需要搭配清潔劑。

雪的結晶

雖然用肉眼也看得見，不過透過顯微鏡能夠觀察到更多細節。照片上雪花的直徑為1.3mm，雪的結晶形狀與大小沒有統一。

10倍

1mm

竹筴魚的魚鱗

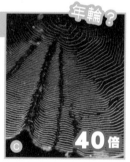

年輪？

魚鱗同樣會隨著成長出現類似年輪的線條。只不過與樹木不同之處在於，魚鱗的年輪不是一年只長一條。

40倍

海葵？

20倍

葉背的絨毛

這張照片是灌木植物溲疏的葉子背面。觸感粗糙的葉背，沒想到居然是這種形狀！

90倍

日幣千元鈔的隱形文字

正面的浮水印四周有「ニホン（日本）」的日文字樣！為了防偽，紙鈔上還有其他隱形文字喔（請見14頁）。

攝影／油川英明（日本雪冰學會）Ⓐ、山村紳一郎ⒷⒸⒺⒻ、矢追義人Ⓓ　影像提供／樹研工業Ⓖ、貓尾實驗室Ⓗ　協力／多田多惠子

4

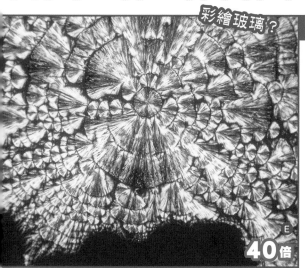

彩繪玻璃？

E
40倍

維生素C與食鹽的結晶

維生素C的粉末（左圖）與食鹽（左下圖）分別溶解在水裡，讓水蒸發再結晶會形成這樣的物質。兩者的拍攝過程都需要在照明上下功夫。

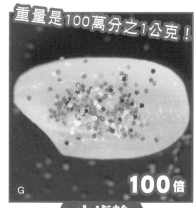

重量是100萬分之1公克！

G
100倍

小齒輪

零星分布在米粒上的齒輪是樹脂材質。一顆齒輪的直徑是0.147 mm，與頭髮的粗細差不多。

100μm

海上金字塔？

F
100倍

10μm

綠色太陽？

H

浮游藻類

照片是在水池等處可見的角果藻（*Zannichellia palustris*）。這張照片是有很多個細長個體從正中央彎曲交纏。

1000倍

我們一起來觀察生活中的物品吧！

※ 圖上的「10倍」等數字是觀察時的顯微鏡倍率。

歡迎來到微型世界！ 電子顯微鏡篇

挑戰觀察比光學顯微鏡更細、更微小的世界！

全世界最小的模型？

乖巧坐在頭髮上的這隻兔子，是利用雷射照射使液態樹脂凝固製成。這是3D列印機的應用技術。

20 μm

竹炭的剖面　骷髏頭？

竹子製成的竹炭上看起來像骷髏的東西，是水分與養分的通道。竹炭上有無數小洞，氣味物質會依附在那裡，因此有除臭效果。

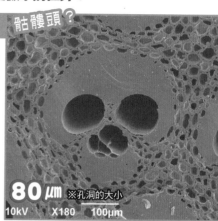

80 μm ※孔洞的大小
10kV　X180　100μm

100 μm

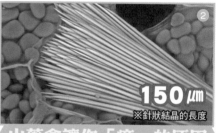

150 μm
※針狀結晶的長度

山藥會讓你「癢」的原因

吃山藥時，你的嘴巴和手會覺得癢，就是針狀的草酸鈣結晶惹的禍。結晶沾附在肌膚上就會覺得搔癢。

葡萄？

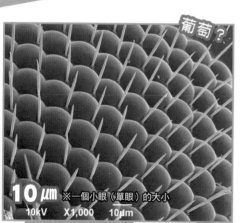

10 μm ※一個小眼（單眼）的大小
10kV　X1,000　10μm

果蠅的複眼

昆蟲擁有由許多小眼（單眼）構成的複眼，藉此辨識物體的形狀等。果蠅的複眼上有毛。

藍西番蓮的花粉　這是顆棒球？

植物的花粉有各式各樣的形狀。藍西番蓮（*Passiflora caerulea*）的花粉形狀就跟棒球一樣！

60 μm

影像提供／近藤俊三（除①②③外）、丸尾昭二研究室（橫濱國立大學理工學院）①、日立先端科技（股）公司②　攝影／朝倉秀之③

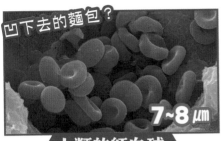

凹下去的麵包？

人類的紅血球

負責運送氧氣的紅血球是正中央凹陷的圓盤形狀。血液呈現紅色，是因為與氧氣結合的血紅素是紅色的。

7~8 μm

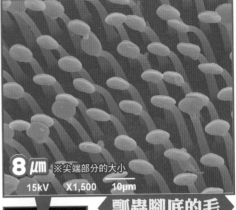

8 μm ※尖端部分的大小

15kV　X1,500　10μm

③

瓢蟲腳底的毛

瓢蟲可以爬上表面光滑的玻璃牆，是因為腳底的細毛能夠抓住牆壁表面的小孔。

5 μm ※蜘蛛絲的粗細

蜘蛛絲

你知道構成蜘蛛網的蜘蛛絲有分直線與橫線嗎？能夠黏住昆蟲等獵物的是有黏性球（箭頭處）的橫線。

10 μm

沒想到蜘蛛絲居然這麼細！

1 μm

光碟片的背面

光碟片的背面有凹陷與平坦的地方，雷射一照上去，就會產生不同的反射方式。光碟機讀取這些不同的反射，就會轉換成聲音或影像播放出來。

1~3 μm ※一個訊坑的大小

第 1 章
前往微型世界
探險吧！

四月初的某日——

哈啾！

沒想到都這個季節了還這麼冷……

那，我們去那台自動販賣機，

買個熱飲喝吧。

我去買！

哇！

ステン

真拿你沒辦法。

哆啦A夢，怎麼辦？

五百元硬幣※……

滾到底下去了！

※滾、滾

※注：日本的五百元是硬幣，不是紙鈔。

對耶，縮小就能夠進去撿硬幣了！

「格列佛隧道」。

咦？

爸爸還在等，我們一找到硬幣就快點回來吧！

除了那枚硬幣，不知道有沒有其他好東西也掉在裡面？

※盯著看 ※喀沙喀沙

※盯著看

五百元硬幣的兩個「0」裡面還寫著「五百元」！

看到有字，對吧？

※滾滾滾

出大事了！哆啦A夢，我們快走！

去哪裡？

快住手！所有的五百元硬幣都長那樣啦！

是喔？

這枚硬幣肯定很稀有吧？

我要拿去給靜香看！

那為什麼要在這種小細節上花心思？

根本沒人會覺得驚喜啊！

你不就嚇到了。

12

安排這種小細節，是為了與偽幣區隔。

→2021年起換新的500日圓硬幣。除了變成雙色之外，還刻上新的小字。
↑還有斜看硬幣，就會出現文字的設計。

※照片出自日本財務省（相當於臺灣的財政部）網站。

硬幣還加上許多很難模仿的細節，你仔細瞧瞧。

嗯

據說這類隱形文字很難仿造。

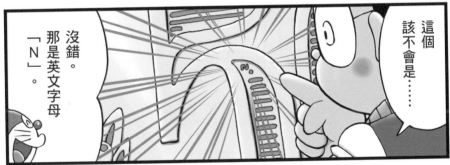

沒錯。那是英文字母「N」。

這個該不會是……

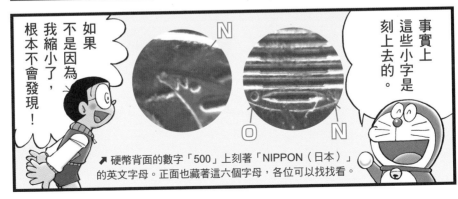

如果不是因為我縮小了，根本不會發現！

事實上這些小字是刻上去的。

↗硬幣背面的數字「500」上刻著「NIPPON（日本）」的英文字母。正面也藏著這六個字母，各位可以找找看。

據說人類眼睛所能看到的最小尺寸是大約零點一毫米。

肉眼看不見　　肉眼看得見

1 μm　　1 mm　1 cm

我們在學校只有學到「毫米」。

50 μm
松樹的花粉

0.1 mm
（100 μm）
頭髮的粗細、郵票的厚度等

0.5 mm
自動鉛筆筆芯的標準粗細

順便說一聲，比毫米更小的單位是這些。

0.001 m ＝ **1mm** ＝ 1000 μm

0.001 mm ＝ **1μm** ＝ 1000 nm

0.001 μm ＝ **1nm**

影像提供／近藤俊三

五百元硬幣的英文字母大約是零點二毫米，是肉眼勉強可看見的大小。

↑刻在五百元硬幣的「0」裡的兩個P（箭頭處）。

紙鈔上也有這種設計喔。

1000

真的呢，紙鈔上也到處印有小字！

用高倍率的放大鏡，就能夠看見。

●千元鈔背面也有「ニホン（日本）」的隱形文字（請見第4頁）

※舉起

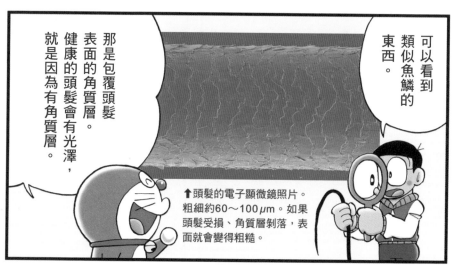

可以看到類似魚鱗的東西。

那是包覆頭髮表面的角質層。健康的頭髮會有光澤，就是因為有角質層。

↑頭髮的電子顯微鏡照片。粗細約60〜100μm。如果頭髮受損、角質層剝落，表面就會變得粗糙。

平時常見的東西，像這樣近距離觀察，就會發現意想不到的細節。很有趣，對吧？

嗯？

這個又是什麼？

這東西好像在哪裡看過……

！

影像提供／矢口行雄（東京農業大學地域環境科學系教授）

※躲進去　　　※啪

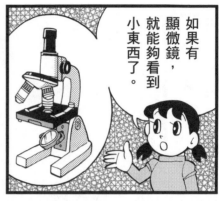

如果有顯微鏡，就能夠看到小東西了。

有了！用「取物皮包」拿出顯微鏡吧！

好主意。

喔喔，大雄也想得到好點子呢！

拿到了！

※抽出

對著皮包說出想拿的物品，伸手進去就能拿到了。

顯微鏡、顯微鏡。

※拉扯

咦？

咿咿咿咿咿咿！

好痛！

我拉住你！不能輸！

※用力拉扯

顯微鏡把我拉進去了……

你說什麼？

※用力

※噓

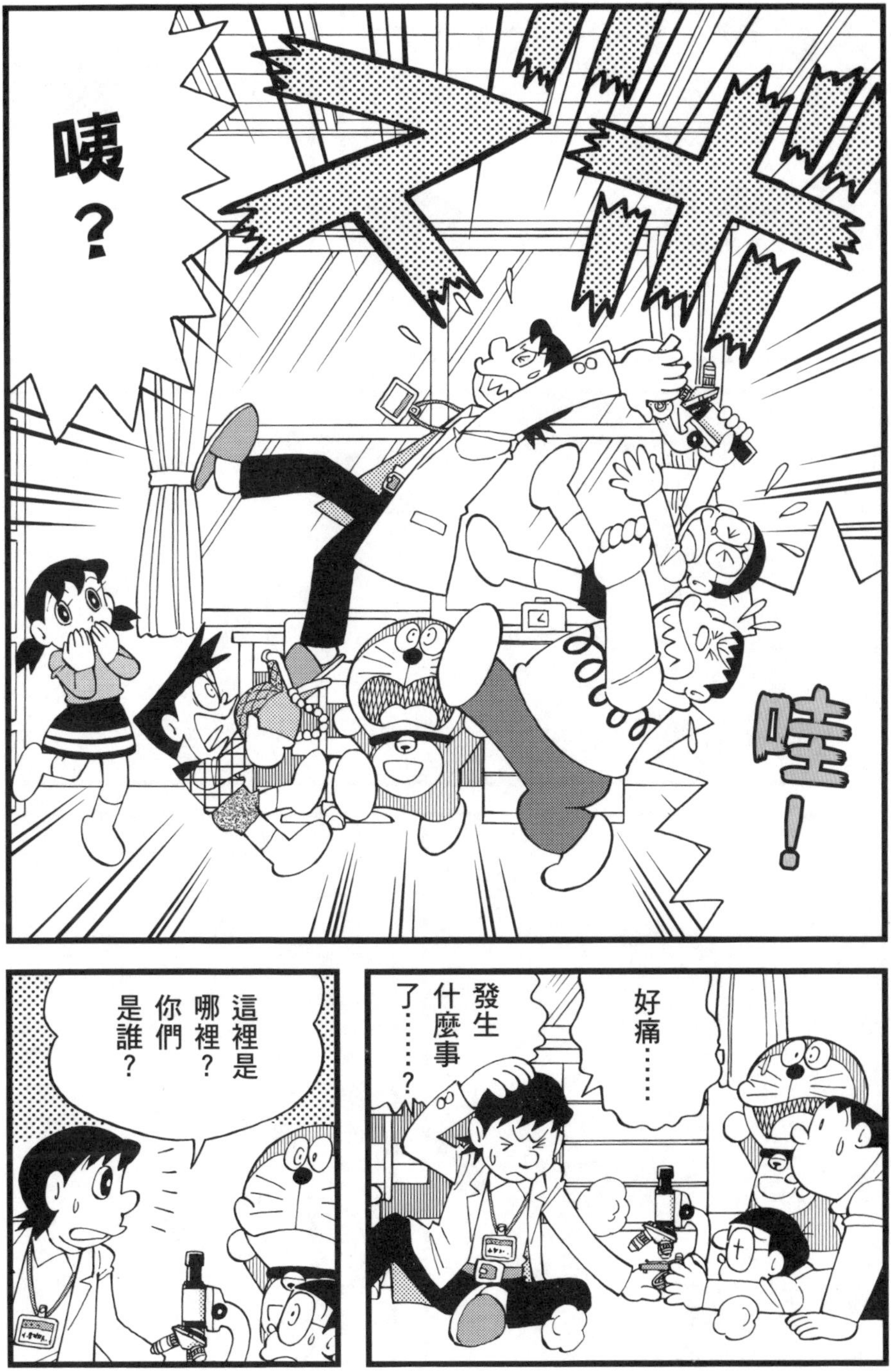

我本來在研究室裡，正在使用顯微鏡，突然憑空出現一隻手……

我想起來了！

那隻手拿了顯微鏡就要走，我堅持不讓。

怎麼可以給你?!

亂來！

我們只是想借用一下……

就用這個吧。

該不會就是你們做的好事吧？

沒辦法。

不是，那個……

22

※吞下

……做什麼

ゴクリ

你們是打算要——

ポイ

ポイ

※扔、扔

哎呀，小野老師，你忘記了嗎？

呃——

微生物研究所

小野廣大博士

……

你今天要為我們開一堂顯微鏡觀察課，不是嗎？

對喔、對喔，我都忘了，今天請各位多多指教嘍！

老師今天是第一次見到我們，麻煩老師自我介紹。

我是微生物研究所的小野廣大。

今天我們將使用這台顯微鏡，一起來看看平常肉眼看不到的小小世界。

哇！

這是怎麼回事？

只要吞下這個「老實丸」，就會相信別人說的話。

我要排第一個！

24

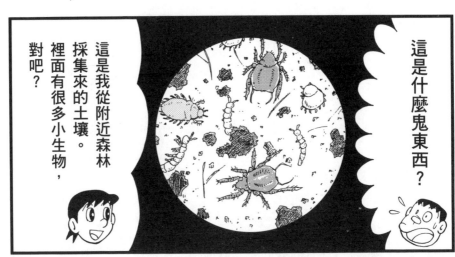

這是我從附近森林採集來的土壤。裡面有很多小生物，對吧？

這是什麼鬼東西？

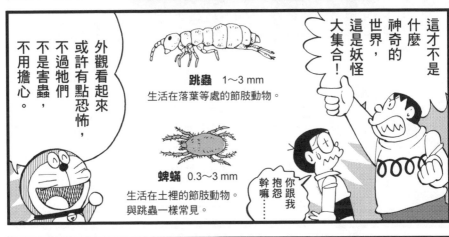

這才不是什麼神奇的世界，這是妖怪大集合！

你跟我抱怨幹嘛……

外觀看起來或許有點恐怖，不過牠們不是害蟲，不用擔心。

跳蟲 1～3 mm
生活在落葉等處的節肢動物。

蜱蟎 0.3～3 mm
生活在土裡的節肢動物。與跳蟲一樣常見。

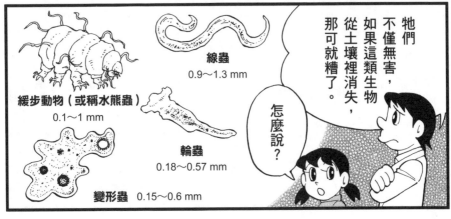

牠們不僅無害，如果這類生物從土壤裡消失，那可就糟了。

怎麼說？

緩步動物（或稱水熊蟲） 0.1～1 mm

線蟲 0.9～1.3 mm

輪蟲 0.18～0.57 mm

變形蟲 0.15～0.6 mm

土壤裡的小生物是
自然界的清道夫

植物製造營養給動物吃，這就是生物彼此的關係。植物和動物總有一天會死去，而土壤裡的小生物就負責分解這些屍骸，轉換成植物的養分。

屍骸　　糞便　　落葉

變成植物的養分

吃下後分解

少了跳蟲等小生物的話，糞便與落葉就會永遠留在那裡，不會分解了。

牠們會幫忙吃掉動物的屍骸、糞便，以及植物的落葉等。

藉由分解生物屍骸等，取得存活的能量。植物吸收分解得到的物質當作養分，製造供給動物攝取的營養。

跳蟲、蜱蟎等小生物

更小的生物

那麼，我們最好去老師的研究所，那裡有很多顯微鏡。

為了觀察那些更小的生物，我來仔細教你們顯微鏡的使用方法吧。

「更小的生物」是什麼？

你把顯微鏡的倍率調高一點，就能看到。

※翻找

26

再把這顆按鍵裝回去。再來請同時按下上面的紅色按鈕。

拆下12顆按鍵的其中一顆，在背面寫下想去的地點。

研究所

把「神奇按鍵門」裝在這個房間的門上。

※呷、啵

怎麼會？

?!

門打開之後——

※喀嚓

為什麼大雄的房間會與我的研究所相連？

因為哆啦A夢有很多「祕密道具」。

哇，有好多看起來很貴的機械！

利用光來觀測！光學顯微鏡

光學顯微鏡是利用光學成像的原理，透過物鏡與目鏡放大，就能夠看到微小物體。而光學顯微鏡又根據成像的方式不同，分為兩種。目鏡和物鏡的倍數相乘就是可看見的倍率。

生物顯微鏡

把光線反射在物體上進行觀察，是學校最常見的顯微鏡。使用的是光學成像原理，因此物體太厚的話，必須切成薄片觀察。

為什麼看起來會放大？

目鏡　　　　　觀測物

物鏡

觀測物經由物鏡與目鏡放大，因此看起來變大。另外也因為物鏡，使觀測物看起來是上下左右顛倒。因此就像左圖所示，假如看到的畫面想要往右上方移動，表示實際上是朝左下方移動。

把物體放在玻片上觀察

載玻片　　　蓋玻片

觀測物

①把觀測物放在載玻片上，②拿滴管在觀測物上滴水，③蓋上蓋玻片就完成了。將玻片固定在載物台上進行觀察。

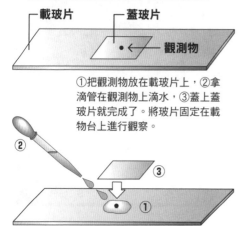

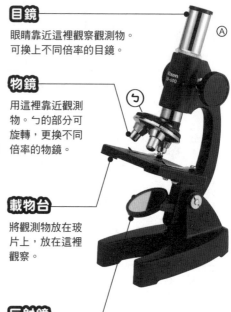

目鏡
眼睛靠近這裡觀察觀測物。可換上不同倍率的目鏡。　Ⓐ

物鏡
用這裡靠近觀測物。ㄅ的部分可旋轉，更換不同倍率的物鏡。

載物台
將觀測物放在玻片上，放在這裡觀察。

反射鏡
反射光線的鏡子，讓觀測物照到光。

透光觀察觀測物

目鏡

物鏡

觀測物 →

光線

反射鏡

光線通過觀測物，因此能夠像底下的水蚤一樣，用眼睛清楚觀察，但看起來是平面的。透過實體顯微鏡觀察的話，就會像下一頁的圖Ⓓ那樣。各位可以比較看看。

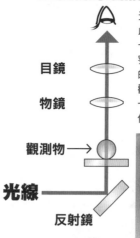

Ⓑ

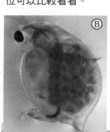

影像提供／Vixen 威信（股）公司ⒶⒸ、貓尾巴實驗室ⒷⒹ

雙眼立體顯微鏡

使觀測物反射光源，就能觀察它立體的模樣。一般生物顯微鏡的倍率最高是2000倍，立體顯微鏡則大約能放大到100倍。

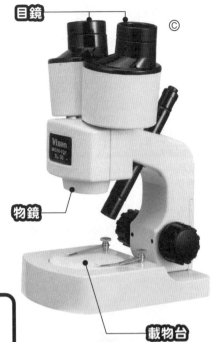

目鏡

物鏡

©

觀測的光源來自上方

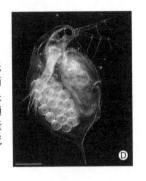

與一般視物時一樣，光源來自上方，並且用兩眼觀看，因此看起來是立體狀態。透過立體顯微鏡觀測，可看出水蚤的身體有厚度和圓潤感（右圖）。

D

載物台

從目鏡到物鏡的距離較長，假設觀測的物體是生物，就能夠像左圖那樣，一邊進行解剖等作業一邊觀察。

「手機顯微鏡」也很好用！

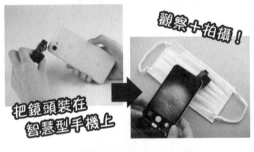

觀察＋拍攝！

把鏡頭裝在智慧型手機上

裝在智慧型手機相機鏡頭上的顯微鏡售價很便宜，不少產品的倍率可達數十倍。在野外、室內均可使用，而且還能夠攝影，可謂一舉數得。

你可以把立體顯微鏡想成是高倍率的放大鏡。

如果要使用透光觀測的生物顯微鏡觀察生活中的物品，建議選擇左列三種類型的物品。

①粉狀物：藥粉、花粉、調味料等。

②較薄的東西：柴魚片、面紙等。

③液體：醬油、池水或河水（能看到浮游生物）等。

但是，選擇觀察右列三種物品之前，請務必與大人商量，避免選擇有危險的東西。

近距離一窺
顯微鏡的歷史！

我們快速瀏覽一下，這四百年來生命的祕密與生物的不可思議，逐漸解開的過程！

1590年左右
發明顯微鏡

荷蘭的眼鏡製造商楊森（Zacharias Janssen，左圖）與他的父親，首次打造出在圓筒兩端裝上兩片透鏡的低倍率顯微鏡。

1665年發現細胞

由英國科學家虎克（Robert Hooke）所發現。這個時代的顯微鏡性能已經提升，普遍作為科學觀察的工具。

↑虎克的顯微鏡。
←這是虎克觀察軟木塞之後畫下的素描，他把羅列的無數小孔稱為「細胞」。此外，虎克還留下以顯微鏡觀察的跳蚤等生物的素描。

1674年發現微生物

荷蘭的一名商人雷文霍克（Antonie Philips van Leeuwenhoek）利用顯微鏡觀察到湖水裡有無數的物體在動。他也是首位打造高倍率顯微鏡的人。

↑雷文霍克製作的顯微鏡，構造類似只使用單一透鏡的放大鏡，不過倍率可達200～300倍，能夠觀察各式各樣的微生物。

── 玻璃透鏡

── 把觀測物安置在針尖

── 調整觀測物位置的旋鈕

生物是由細胞所構成！

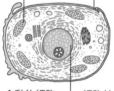

粒線體　細胞膜

↑動物細胞。　細胞核

細胞一顆一顆誕生，而生物的身體就是由細胞所構成。生物包括由一顆細胞形成的單細胞生物，以及像人類這樣由許多細胞構成的多細胞生物。

人類的細胞

肌肉細胞

硬骨細胞

紅血球

精子

卵子

神經細胞

白血球

↑像人類這樣的多細胞生物，體內的細胞各自扮演不同的角色。

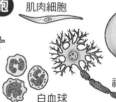

人類的細胞據說有37兆個喔！

影像提供／日本學校法人北里研究所ⒶⒷⒸⒹ、埼玉市健康科學研究中心Ⓔ、公益財團法人野口英世紀念會ⒻⒼ

19世紀起陸續發現傳染病的病原體

柯霍（德國）
（1843-1910年）
1882年發現結核菌，1884年發現霍亂弧菌

近代醫學之父

除了發現病原體細菌，他還發明如右圖所示，使用寒天分離並繁殖單一種類細菌的方法。有了這種方法，就能夠鎖定病原體的細菌種類了。

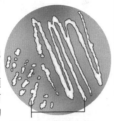

培養出許多微生物。

北里柴三郎
（1853-1931年）
1894年發現鼠疫桿菌

找出破傷風的治療方法

留學德國，師事德國微生物學家暨諾貝爾獎得主柯霍。除了發現鼠疫桿菌之外，也開發破傷風的血清療法。並培養出志賀潔等眾多研究者，因此被稱為「日本的細菌學之父」。

↑北里柴三郎常用的顯微鏡。

志賀 潔
（1871-1957年）
1897年發現痢疾桿菌

他的姓氏成為學名

師事北里柴三郎。發現當時在日本死亡率很高、造成嚴重腹瀉與發燒的痢疾病原菌，也就是痢疾桿菌，其學名*Shigella dysenteriae*就是以他的姓氏志賀（Shiga）命名。

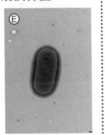

↑痢疾桿菌產生的毒素會引起痢疾。

野口英世
（1876-1928年）
研究黃熱病、梅毒等

死於黃熱病

自幼左手就燒毀，而他卻能夠跨越障礙，研究梅毒等傳染病，甚至三次提名諾貝爾獎。他在非洲迦納研究黃熱病時不幸染病過世。

↑野口英世常用的顯微鏡。

十四世紀的歐洲有高達三分之一的人口死於鼠疫。一九一八年起，西班牙流行性感冒更是在全球造成四千萬人死亡。

今天的你或許難以相信，不過人類的歷史可以說就是與傳染病對抗的歷史。看過這兩頁之後，我們知道人類是利用顯微鏡克服了傳染病。

1931年 電子顯微鏡問世

由德國的物理學家魯斯卡（Ernst August Friedrich Ruska，左圖）發明。電子顯微鏡的發明使得人類能夠看到原本看不到的病毒。

拜顯微鏡所賜，科學才能夠進步。顯微鏡的用途不只是能夠看見微小的東西。

沒錯。除了病原菌之外，也發現了許多微生物。

↑製作很多發酵食品的酵母（請參考38頁）。它是菌類的夥伴，尺寸大約是2～20微米。

影像提供／近藤俊三

微生物？就是肉眼看不到的小生物。

難道你說的是，比剛才提到的跳蟲更小的土壤生物？

沒錯。就是黴菌和細菌等微生物。

↑土壤裡經常看到的毛黴屬黴菌（上）與放線菌。

順便補充一點，微生物幾乎都屬於「單細胞生物」。

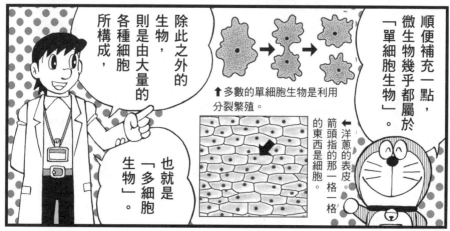

↑多數的單細胞生物是利用分裂繁殖。

←洋蔥的表皮。箭頭指的那一格一格的東西是細胞。

除此之外的生物，則是由大量的各種細胞所構成，也就是「多細胞生物」。

而兼具這兩者的稀有生物就是這位！

沒錯。我是多細胞生物的人類，卻以單細胞聞名……

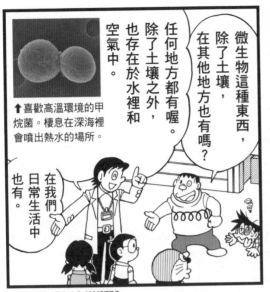

微生物這種東西，除了土壤，在其他地方也有嗎？

任何地方都有喔。除了土壤之外，也存在於水裡和空氣中。

在我們日常生活中也有。

↑喜歡高溫環境的甲烷菌。棲息在深海裡會噴出熱水的場所。

Photo by Ken Takai © JAMSTEC

好，我們就用「醫生手提包」，來看看我們身邊的微生物吧！

你看我的肚子幹嘛？

沒事沒事。

？

咦咦!?

※嗶嗶

哇！不好了！胖虎的肚子裡，滿滿都是微生物！

不會吧……我生病了嗎？

你這個人雖然暴力又自私，還是個音痴，但也不是什麼大壞蛋啦……

你是當我死了嗎？

喂，你們笑什麼……嗯嗯？

腸道內細菌沒有異狀

抱歉，嚇到你了。

這什麼？

➡腸道的細菌有所謂的「好菌」以及「壞菌」，也有介於兩者之間的細菌。小腸的乳酸菌是最具代表性的好菌，能夠抑制壞菌增加。

剛才的畫面是小腸裡的乳酸菌，每個人的肚子裡也都是那個樣子。

影像提供／養樂多總公司（乳酸菌、比菲德氏菌）

34

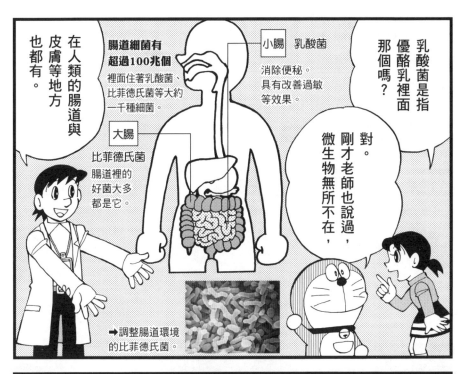

乳酸菌是指優酪乳裡面那個嗎？

對。剛才老師也說過，微生物無所不在，

在人類的腸道與皮膚等地方也都有。

腸道細菌有超過100兆個
裡面住著乳酸菌、比菲德氏菌等大約一千種細菌。

小腸　乳酸菌
消除便秘。具有改善過敏等效果。

大腸
比菲德氏菌
腸道裡的好菌大多都是它。

→調整腸道環境的比菲德氏菌。

當然並非全都只有對人類有益的微生物。

乳酸菌和比菲德氏菌對人體很有幫助。

原來它們是為人類服務啊。

既然這樣，我差不多該提供腸道細菌營養，讓它們好好工作了。

意思是你肚子餓了吧！

要我拿「美食桌巾」出來嗎？

※ 咕嚕嚕嚕

微生物與人類的關係

小到肉眼看不見的微生物，有些對人類生活有幫助，有些會成為病原體，
而它們全都生活在我們四周，數量多到數不完。

《微生物的代表》

包括「細菌」、「真菌」、「原生生物」等，其大小如底下標示，大多數都小於1mm。

真菌

是蕈菇、黴菌、酵母等的同類，利用孢子繁殖。

青黴菌
伸展菌絲成長。靠著頂端產生孢子繁殖。

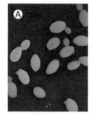

酵母
不是透過孢子繁殖，而是菌體本身像長出新芽一樣的分裂增生。

原生生物

單細胞生物，主要利用分裂繁殖。

變形蟲 B
一邊改變形狀一邊移動，以細菌為食。

羽紋藻 C

D

草履蟲

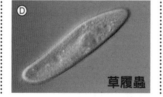

細菌類

比原生生物更小的單細胞生物，主要利用分裂增生。

大腸桿菌 E
棲息在人類的大腸等部位。

醋桿菌 F
能夠把酒（酒精）變成醋（醋酸）。

轉糖鏈球菌 G
或稱變異鏈球菌，會分解食物殘渣含的糖。此時產生的乳酸會溶化牙齒，形成蛀牙（齲齒）。

紅血球（7～8μm）　真菌與原生生物

病毒　　細菌類　　頭髮粗細（60～100μm）

10nm　100nm　1μm　10μm　100μm　1mm

我們人類是這個地球上最活躍的生物，數量約八十億人，但如果光以數量來說的話，其實「地球是微生物的行星」。畢竟一公克的土壤裡就有數十億個，而一個人類的腸道內就有大約一百兆個細菌存在。

而且它們的生活範圍可包括深度六千五百公尺的深海、會噴發超過攝氏一百度熱水的場所，甚至是超過一萬公尺的高空。

目前我們發現的微生物，大約只占地球所有微生物的百分之一，今後有可能從更超越極限的環境中找到新物種。

↑蕈菇雖屬於微生物，不過為了散播孢子，會製造肉眼可見的「子實體」（箭頭處）。

影像提供／近藤俊三Ⓐ、東京都下水道局Ⓑ、貓尾巴實驗室Ⓒ、PIXTA Ⓓ、養樂多總公司ⒺⒼ、Kewpie Corp. Ⓕ

病毒與微生物的身體構造差異

病毒屬於不具有細胞的「非細胞生物」。微生物則根據細胞有無「細胞核」，分為兩類。

真核生物　細胞有「細胞核」。

真菌　原生生物

細胞核　由稱為「核膜」的一層膜包覆掌管遺傳的DNA所構成。

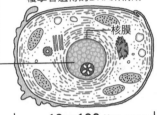

核膜

├── 10～100μm ──┤

↑細胞比原核生物的細胞更大，除了細胞核之外，還有能夠分解營養、取得能量的器官等構造。

原核生物　細胞無「細胞核」。

細菌類

擬核　DNA沒有核膜包覆。

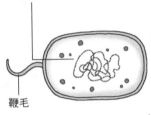

鞭毛

├── 1～10μm ──┤

↑細胞比真核生物細胞更小，幾乎都是單細胞生物。也有使用鞭毛游動的類型。

病毒　沒有細胞，所以不算是生物。

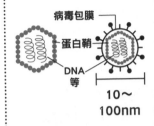

病毒包膜

蛋白鞘

DNA等

10～100nm

↑只有DNA等部分是由蛋白質的外鞘（稱為蛋白鞘）所包覆，藉由感染其他生物的細胞繁殖增生。尺寸遠比原生生物小。有些類型的蛋白鞘還有一層包膜覆蓋。

我們人類也是真核生物

生物與非生物是根據有無細胞而分。生物先看有沒有細胞核，分成「真核生物」與「原核生物」。真核生物再進一步區分為「動物」、「植物」、「真菌」。不屬於以上這些的則歸類為「原生生物」。另一方面，「原核生物」則幾乎都是細菌。

真核生物

動物	植物	真菌	原生生物
人類	櫻花	蕈菇	眼蟲藻
昆蟲	蕨類	黴菌	綠球藻
蚯蚓	苔蘚	酵母	黏菌

原核生物

細菌類	乳酸菌　納豆菌	大腸桿菌　霍亂弧菌

人類也是由微生物演化而來的喔。

※ 原核生物事實上是分成「真細菌」與「古細菌」，本書為了方便說明，通稱為「細菌類」。

《對人類生活有幫助的微生物》

我們從很久很久以前就懂得利用微生物分解的能力與製造出來的物質。

製作發酵食品

「發酵」是利用微生物的力量，讓食物變好吃。相反的，使食物變成有害就稱為「腐敗」。

青黴菌

乳酪

乳酪是乳酸菌使牛奶等發酵，有些是等到熟成時使用青黴菌。

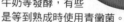

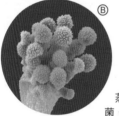

麴菌 醬油、味噌、柴魚片

醬油和味噌最早是用蒸熟的米來培養這個黴菌，製作出「麴菌」。製作柴魚片時使用的麴菌，具有吸走鰹魚（柴魚片的原料）身上水分、使之變硬的作用。

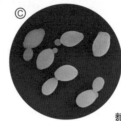

酵母 麵包、啤酒、葡萄酒、日本酒

酵母分解糖，製造酒的主要成分「酒精」。麵包產生的酒精會在烤好之前因為加熱而散失，所以不會殘留。

納豆菌 納豆

納豆菌是棲息在稻草上的細菌。能夠把不易消化的水煮豆類，變成容易消化且營養價值高的納豆。

乳酸菌 優格、醬菜

把糖變成乳酸的細菌。除了能夠製造優格與醬菜之外，也能夠幫助味噌和醬油熟成。

製藥

除了發酵之外，微生物產生的物質與分解能力也應用在其他地方。

盤尼西林等藥物

青黴菌製作的盤尼西林（又稱青黴素）是用來治療細菌性肺炎等疾病，放線菌製作的鏈黴素則是結核病的特效藥。

青黴菌

其他細菌

←英國的弗萊明教授注意到青黴菌四周不會長細菌，因此發現了盤尼西林。

加入酵素的清潔劑

有些細菌產生的酵素，能夠分解髒汙成分，也就是蛋白質、油脂、澱粉。加入這種酵素的清潔劑，比起沒加酵素能夠用更少的水量去除汙垢。

○○○○○○○ ── 蛋白質

▲ ▲▲▲ ▲ ── 分解蛋白質的酵素

⬇

○ ○○ ○ ○ ○ ○
▲ ▲ ▲▲ ▲

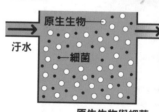

原生物 ──
汙水 ──
── 細菌

原生物與細菌分解髒汙

表面是分解完成、乾淨無害的水 ── 流往河川

底下沉澱的是分解完無害的爛泥

汙水處理

汙水含有大量髒汙，在汙水處理場由變形蟲等原生生物細分，並由細菌進行分解，變成甚至可以當作肥料的無害爛泥。分解完成的無害淨水也能夠放流至河川。

影像提供／近藤俊三ⒶⒷⒸⒹⒺ、山梨縣綜合農業技術中心調查部ⒻⒼ、東京都健康安全研究中心ⒽⒾⒿⓀⓁⓂ、PIXTA Ⓝ

成為病原體的微生物

入侵生物體內就會引起傳染病的微生物，特別稱作病原體。

真菌病原體

會附著在生物細胞上，長出菌絲狀或出芽繁殖，引起傳染病。

白粉病

稻熱病

←白粉病是植物的葉子等處長出白黴菌。稻熱病是使稻葉乾枯的傳染病。以人類來說，最有名的就是白癬菌造成的足癬（香港腳）。

細菌類病原體

入侵生物細胞後繁殖，或是在附著後釋放毒素。右圖為三個最具代表性的病原細菌。

金黃葡萄球菌
（食物中毒）

結核桿菌

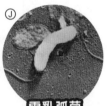

霍亂弧菌

沙門氏菌
（食物中毒）

傷寒沙門桿菌
（傷寒）

病毒為病原體的傳染病

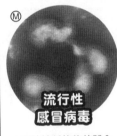

流行性
感冒病毒

不屬於生物的病毒，有的也會變成流行性感冒等疾病的病原體。
與真菌、細菌類不同，藥物無法奏效，只能夠靠接種感染性減弱或消失的病毒所製作的疫苗進行預防。

➡預防接種能夠使體內產生對病原體病毒的免疫力，之後病毒入侵也不會發病。

發酵食品之中，有很多都能夠長時間保存。

前面雖然介紹過製作發酵食品等「對生活有幫助的微生物」，但是那些「幫助」是必須建立在人類備妥相關條件的前提下。

舉例來說，製做醬菜的乳酸菌如果在米糠床裡繁殖過剩，醬菜就會發酸。因此必須每天攪拌，讓乳酸菌討厭的氧氣進入米糠床。

借助微生物的力量產生的食物有很多。

真菌、細菌都與人類的生活息息相關。

剛才的乳酸菌是利用「醫生手提包」才能夠看到，

真菌和細菌之中，有些用光學顯微鏡也看不到。

※喀嚓

我還想再去一次研究所，用顯微鏡看看各種物質。

交給我！

我們去研究所吧。我有比顯微鏡更厲害的工具。

ガチャ

就是這台「電子顯微鏡」。

哇嗚，看起來好厲害！

市售的光學顯微鏡價格通常很便宜，

電子顯微鏡體積很大又很昂貴，所以通常只有研究機構才會使用。

這個是顯微鏡？

這要怎麼使用？

這樣更令人期待吧。

準備工作看來就很麻煩。

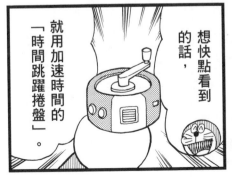

想快點看到的話，

就用加速時間的「時間跳躍捲盤」。

轉動捲盤，跳到20分鐘之後。

這個畫面是什麼？

哇啊！

久等了。這是蛀牙菌。

蛀牙菌就是造成牙痛的凶手吧？

原來它看起來這麼大嗎？

對不起。

都怪畫面突然出現，害我嚇一跳！

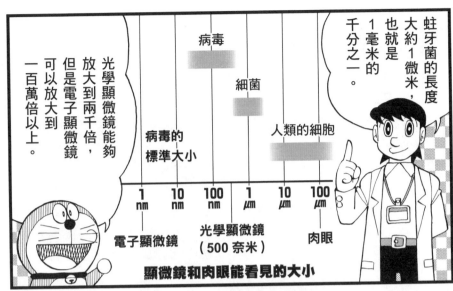

蛀牙菌的長度大約1微米，也就是1毫米的千分之一。

光學顯微鏡能夠放大到兩千倍，但是電子顯微鏡可以放大到一百萬倍以上。

病毒

細菌

人類的細胞

病毒的標準大小

| 1 nm | 10 nm | 100 nm | 1 μm | 10 μm | 100 μm |

電子顯微鏡　　光學顯微鏡（500 奈米）　　肉眼

顯微鏡和肉眼能看見的大小

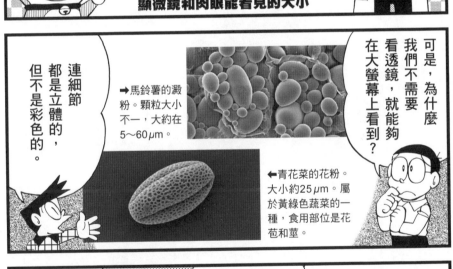

可是，為什麼我們不需要看透鏡，就能夠在大螢幕上看到？

連細節都是立體的，但不是彩色的。

➡馬鈴薯的澱粉。顆粒大小不一，大約在5～60μm。

⬅青花菜的花粉。大小約25μm。屬於黃綠色蔬菜的一種，食用部位是花苞和莖。

而且為什麼電子顯微鏡能夠看到這麼小的東西？

和光學顯微鏡差很多，才會冒出這些疑問，對吧？

與其猜測，我再用電子顯微鏡讓你們看更多證據吧。

影像提供／近藤俊三（42～43頁）

利用電子觀測！電子顯微鏡

不是透過光，而是把電子打在觀測物上，這種顯微鏡能夠比光學顯微鏡觀察到更小的物質。電子顯微鏡可分為掃描式與穿透式兩種。

《掃描式電子顯微鏡》

與雙眼立體顯微鏡一樣，觀測物看起來是立體的。為了方便電子反射、移動，因此觀察時需要將觀測物放在金屬液體裡浸泡吸附離子，或是鍍一層金屬粒子在上面。

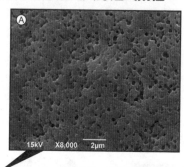

Ⓐ

15kV　X8,000　2μm

← 照片是蛋殼的剖面。與光學顯微鏡不同，觀測物在螢幕上的影像是黑白的。

日本電子 JSM-IT700HR

跟光學顯微鏡比起來，差好多！

掃描式電子顯微鏡的構造

電子槍

為了避免電子與空氣中的物質等碰撞，電子顯微鏡主體內部是真空狀態。

檢測器

① ② ③ ④

觀測物

螢幕

①電子槍射出電子。②電子撞到觀測物之後反彈。③檢測器讀取反彈的電子，轉換成電子訊號。④電子訊號轉換成圖像，顯示在螢幕上。

影像提供／近藤俊三ⒶⒷⒸ

比一比！光學顯微鏡 vs 電子顯微鏡

可以看出顏色的光學顯微鏡，以及可高倍率觀測的電子顯微鏡，各有優缺點。

光學顯微鏡	電子顯微鏡
照射光來觀測	照射電子來觀測
使用玻璃鏡片	使用電磁透鏡
彩色畫面	黑白畫面
約可看到 0.1 μm 的大小	約可看到 0.1 nm 的大小
約可放大至 2000 倍	約可放大至 100 萬倍以上
裝置小	裝置大
操作簡單	操作稍微複雜

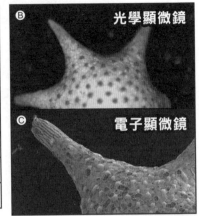

↑由上圖可看出，透過光學顯微鏡觀察星砂（看起來像砂子的星形生物外殼），能夠對焦的範圍很狹窄，相反的，在電子顯微鏡下，全都在對焦範圍內，連細節都能看見。

無線電波	紅外線	可見光	紫外線	放射線

波長偏長 ←——————————→ 波長偏短

↑電磁波包括無線電波與放射線等各種波長，我們能夠看見的，只有來自太陽等的可見光。

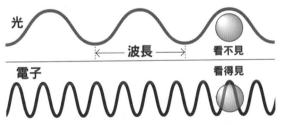

光
波長
看不見

電子
看得見

↑不管是光還是電子，波長比它們更小的物體就無法看見。上圖的球，比光的波長更小，比電子的波長更大，因此只能夠透過電子顯微鏡看到。

光與電子在移動時都是形狀規律的波，而這些波的長度（從波峰到下一個波峰）稱為波長。

如上圖所示，波長越長，小物體就會被波略過，因而看不見。

電子的波長比光的波長更短，因此電子顯微鏡比光學顯微鏡能夠看到更小的東西。

為什麼光學顯微鏡能夠看到色彩？

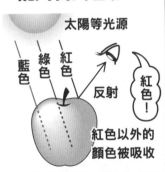

太陽等光源

藍色 綠色 紅色

反射

紅色！

紅色以外的顏色被吸收

★眼睛接收到紅色的反射光，腦就會感覺到「紅色」。這就是色彩產生的原理。

光是由各種顏色的光所組成。舉例來說，蘋果看起來是紅色，是因為只反射紅色的光，其他顏色的光都被吸收了。也就是說，物體的顏色就是該物體反射的光。所以透過光觀測的光學顯微鏡能夠看見色彩。

※ 本書提到的「光」，只要沒有特別說明，均是指「可視光」。

穿透式電子顯微鏡

相較於掃描式電子顯微鏡是直接看到觀測物的表面，穿透式電子顯微鏡是把觀測物切成薄片，讓電子穿透，藉此觀察內部構造。

日本電子 JEM-1400Flash

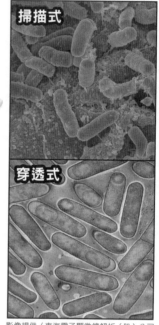

掃描式

穿透式

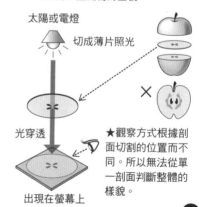 某種細菌分別透過掃描式電子顯微鏡、穿透式電子顯微鏡觀察得到的影像。掃描式看到的影像是立體的，穿透式看到的是平面的。

影像提供／東海電子顯微鏡解析（股）公司

比一比！掃描式 vs 穿透式

底下就是以插圖解釋掃描式顯微鏡與穿透式顯微鏡的觀測方式差異。

掃描式

觀測方式類似雙眼立體顯微鏡，看起來就像東西就在面前一樣立體。但是看不見內部構造。

太陽或電燈

也會形成影子

不管是掃描式或穿透式，電子顯微鏡都遠比光學顯微鏡大。

電子槍射出電子（可參考四十四頁）需要很高的電壓。另外，電子如果不是在真空環境就無法自由移動。

因此，電子顯微鏡會製造高電壓，並且有讓內部真空的裝置，外型也就因此變得比較大。

穿透式

把觀測物切成薄片，使光能夠穿透，就能夠看到影像。與生物顯微鏡的觀測方式類似。看到的頂多是其中一部分的剖面，無法得知觀測物的全貌。

太陽或電燈

切成薄片照光

光穿透

★觀察方式根據剖面切割的位置而不同。所以無法從單一剖面判斷整體的樣貌。

出現在螢幕上

出處：東海電子顯微鏡解析（股）公司官方網站

46

挑戰超極小的世界！

可觀察到比一般電子顯微鏡更小的東西，聞名全球的巨型實驗機構與終極電子顯微鏡，就在日本。

看看奈米世界的移動狀態

上圖的實驗機構「SACLA」、「SPring-8」，就是所謂的「可看見原子世界的巨型顯微鏡」。兩者均使用放射線之中的X光。SPring-8可仔細看看奈米尺寸的小東西，SACLA則是能夠看見原子與分子的瞬間動態。

世界第一的電子顯微鏡

上面的照片是2017年時間世的電子顯微鏡，可用來觀測40.5皮米（pm）物體，創下世界最小紀錄。1皮米等於1奈米的1000分之1，因此40.5皮米等於0.0405奈米，是極微小的尺寸。

※正確來說應該是「其裝置性能方面，在解析40.5pm大小物體的性能上是世界第一」，不過為了方便讀者了解，這裡只簡單描述為「可觀測到40.5pm的物體」。

對了，何謂電子、原子、分子？

水分子

前面提到過「電子」、「原子」、「分子」，說起來這些到底哪裡不同呢？首先來談談原子。原子可說是構成物質最小的積木，集結幾個原子就形成分子。

形成分子之後，才開始擁有物質的性質。比方說，水分子就是如上圖那樣，由一個氧原子和兩個氫原子構成。

氧原子

氫原子

氦原子

質子

原子核

中子

電子

電子是創造原子的帶電粒子。創造原子的粒子還有「質子」和「中子」，這兩者合稱「原子核」。電子和質子的數量相同，而且電子、質子和中子的數量根據原子的種類決定。以左邊的氦原子為例，電子、質子、中子各有兩個。

居然還有那麼小的世界存在啊！

影像提供／日本理化學研究所Ⓐ、柴田直哉（東京大學工學系研究所附屬綜合研究機構教授）Ⓑ

影像提供／近藤俊三

第3章
微型世界告訴我們的祕密

也就是說！

我們可以縮小自己，親自去看、去觸摸，對吧！

我也可以加入嗎？

當然！

每人拿一件想要縮小觀察的東西來吧。

好！

喀什米爾，羊毛衣，

還有拋棄式口罩。

毛衣的毛很細緻，我想看看長什麼樣子。

嗯，選得好。

我想確認花粉是不是真的無法通過。

胖虎呢？

你總算問到我了。

我選本大爺特製的CD!

這可是前不久在小夫家錄製的!

剛田 武《心之友》

我想看看CD背面亮晶晶的部分。

好、好像很有趣……

好,那麼在進行觀察前,我們先來聽聽這張CD吧!

!

有了!

……要觀察什麼呢

ムガ ムガ

對了,大雄,你想觀察什麼?

唔嗯……

快點決定啦!

※照射

※嗶嗶

太厲害了……我好像在作夢！

我現在居然在顯微鏡看到的世界裡。

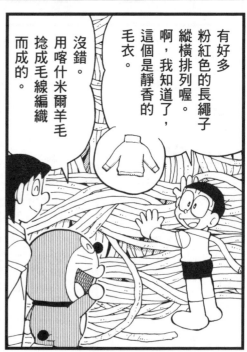

有好多粉紅色的長繩子縱橫排列喔。

啊，我知道了，這個是靜香的毛衣。

沒錯。用喀什米爾羊毛捻成毛線編織而成的。

從毛線冒出來這個像水管的東西是什麼？

那是羊毛。你們看那個切口。

➡喀什米爾羊毛也跟人類的頭髮一樣，有角質層覆蓋。

←毛的內部有空洞，還有一層薄膜覆蓋，到處都是孔隙。

毛裡面有空洞？

答對了！

因為中央不是實心，所以摸起來的觸感才會那麼柔軟？

該不會是……

那個也是喀什米爾羊毛的優點。

毛的中心有空洞，還有其他好處喔。

什麼好處？

還說我，明明你自己也是！

你說什麼?!

這顆腦袋裡面也空空的，可是摸起來卻一點也不柔軟！

哇啊！

影像提供／矢口行雄（東京農業大學地域環境科學系教授）

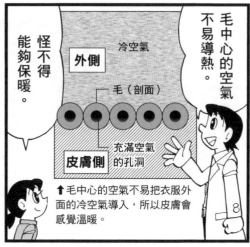

毛中心的空氣不易導熱。

冷空氣

外側

毛（剖面）

皮膚側

充滿空氣的孔洞

怪不得能夠保暖

↑毛中心的空氣不易把衣服外面的冷空氣導入，所以皮膚會感覺溫暖。

喀什米爾羊毛
14～16μm

美麗諾羊毛
16～25μm

駱馬毛
23～28μm

而且，喀什米爾羊毛很細。

※美麗諾羊毛是美麗諾羊的羊毛。駱馬棲息在南美，是駱駝的同類。

和人類的毛髮比比看。

正好發現好東西！

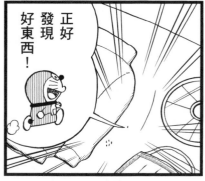

人類的毛髮遠比喀什米爾羊毛更粗。

喀什米爾羊毛
14～16μm

頭髮
60～100μm

是喀什米爾羊毛的四倍以上。

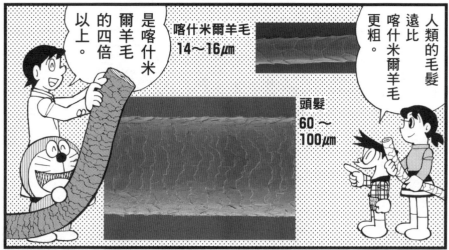

影像提供／矢口行雄（東京農業大學地域環境科學系教授）

※一種纖維沒有經過編織直接交纏製成的布。

毛細的話，毛與毛之間就能夠儲存許多空氣。

這就是能夠保暖的祕密。

這些都要縮小觀察才會知道。

空氣

毛

↑空氣成了隔熱材料，所以內側會感覺溫暖。

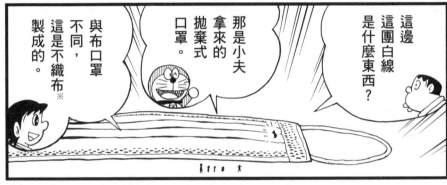

這邊這團白線是什麼東西？

那是小夫拿來的拋棄式口罩。

與布口罩不同，這是不織布※製成的。

我們再縮得更小一點仔細觀察吧。

哇！好寬啊！

太厲害了！看起來好像滑雪場！

55

現在各位的尺寸是0.03毫米，也就是30微米。跟這顆花粉差不多大。

而我們正站在遍布細纖維的口罩上。

口罩的孔隙大小約是5至10微米。

這樣一看就知道花粉無法通過。

能夠擋下眼睛看不見的小小花粉，口罩真了不起。

流感等病毒是不是也無法通過？

冬天有很多人戴口罩，所以應該是無法通過吧？

病毒也跟花粉一樣大嗎？

有人想要縮小成病毒的實際大小嗎？

臭小夫你說什麼?!

也沒有其他人比你更適合扮演難搞的病毒了。

好像很有趣。我來試試。

你們覺得病毒有多大呢?

像足球那麼大?

可能是棒球的大小。

喂!我還沒準備好……

來囉!

※照射

嗯,正好就是這個大小。

咦咦?!胖虎不見了?

聽到聲音了,人在哪?

這裡啦,我在這裡!

※照射

胖虎,小心腳下。

咦?還要繼續縮小?

哎喲喂呀。

※搔擾、搔擾、搔擾

※遮住

※搖晃搖晃、搖晃搖晃

幸好他有抓住。

小夫，你給我記住！

對不起，我鼻子真的很癢。

那麼，就算戴口罩也無法阻絕流感嘍？

也不是這麼說。

可是，這也就表示病毒可以輕輕鬆鬆通過口罩的孔洞吧？

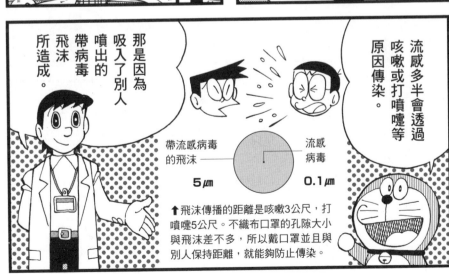

流感多半會透過咳嗽或打噴嚏等原因傳染。

那是因為吸入了別人噴出的帶病毒飛沫所造成。

帶流感病毒的飛沫
流感病毒
5㎛　　　　0.1㎛

↑飛沫傳播的距離是咳嗽3公尺，打噴嚏5公尺。不織布口罩的孔隙大小與飛沫差不多，所以戴口罩並且與別人保持距離，就能夠防止傳染。

怪了,胖虎呢?

キョロ

是不是在口罩裡探險啊?

キョロ

他不在,我們正好清靜……

モゾ モゾ モゾ

呃?

哈哈、哈哈哈哈!

你說誰不在正好清靜啊?

コチョ コチョ コチョ

癢死你!

コチョ

救命啊!快住手!

哇,胖虎,你什麼時候跑到背後……住手!

才不原諒你!

對不起!我錯了!

胖虎病毒,很難搞呢。

果然如小夫說的,

63

日常用品的微型世界

放大觀察每天習慣使用的物品，你就會佩服它們的構造十分巧妙。
這裡將介紹幾款特別挑選的東西！

新的筆芯

→放大新筆芯的剖面觀察，就會發現石墨與像碳一樣的合成樹脂，交疊褶曲成波狀層次。

自動鉛筆的筆芯、寫出來的字

自動鉛筆的筆芯是由石墨與合成樹脂揉合烘烤製成。另一方面，紙張則是纖維的集合體，拿石墨與合成樹脂在紙上摩擦，就能夠寫出字來。

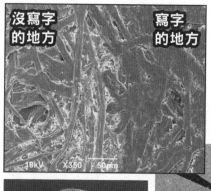

沒寫字的地方　寫字的地方

←寫字的部分，就像把石墨與合成樹脂塗抹填入紙的纖維縫隙。

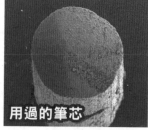

用過的筆芯

寫在紙上的文字

←使用過的筆芯，剖面的波狀石墨與合成樹脂會被削平。

美工刀的刀刃

肉眼看起來很銳利，其實用過部分的刀刃有破損，變成鋸齒狀。與沒有用過的部分有明顯的差異。

用過的部分　　　沒用過的部分

那是很厲害的發明呢。

魔鬼氈很常在運動鞋等物品上看到。

64

碳粉融化的樣子

↑放大影印的部分觀察，就會發現碳粉融化散開，附著在紙上。

影印的字

影印的原理是，影印機按照要複寫的文字或圖案，把有色碳粉放在紙上加熱，使之融化附著就完成了。

碳粉

魔鬼氈

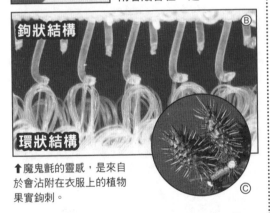

毛面 Ⓐ

鉤面

魔鬼氈如左邊照片所示，分成毛面和鉤面，又如底下照片所示，是環狀結構（毛面）的纖維拉住鉤狀結構（鉤面）的纖維，使兩者貼合在一起。

鉤狀結構 Ⓑ

環狀結構

↑魔鬼氈的靈感，是來自於會沾附在衣服上的植物果實鉤刺。Ⓒ

口罩的材料

底下兩張是以同樣倍率觀察到的照片。不織布（可參考55頁）與紗布的孔徑粗細完全不同。

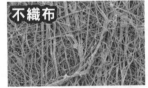

不織布

←不織布的纖維是以交纏的方式所構成的。孔徑的大小約幾微米。

紗布

→紗布是由纖維捻成的線交錯成格子狀結構成的。孔徑的大小大約是0.5毫米。

原子筆的筆尖

原子筆的筆尖頂端鑲著小鋼珠，墨水從縫隙（底下照片的箭頭處）出來。小鋼珠一邊轉動，墨水一邊附著在紙上，因此書寫時能夠很流暢。

←小鋼珠的直徑有各種不同的尺寸，一般常見的是0.5至0.7毫米。

除了本頁介紹的不織布與紗布這兩種布料材質之外，根據纖維布料材質與編織方式，布料有各式各樣不同類型，很適合用來觀察。

例如：以棉花等天然纖維為原料的話，織線會起毛，不過如果使用聚酯等化學纖維，織線的表面就是滑順緊實。用肉眼也能看出手感的不同，十分有趣。

影像提供／可樂麗（股）公司ⒶⒷ、近藤俊三（除了Ⓐ～Ⓒ之外）攝影／奧山 久Ⓒ

處罰完小夫，接著就輪到本大爺的CD了。

哦！大家快點上來看看，超猛的！

你們看，光芒萬丈！

好多亮晶晶的線無止盡延伸，真美！

咦？靠近看才發現，這上面有發光的部分，

也有不太發光的部分。

我們用「放大液」看得更仔細一點吧。

※第50頁、66～69頁中所稱的CD，不是一開始就錄好音、在唱片行等地方銷售的「CD-ROM」，而是購買時沒有任何記錄，必須由使用者自行燒錄資料的「CD-R」。

↑CD-R背面的電子顯微鏡照片。田埂般的軌道與溝槽交錯排列，只有軌道上處處有橢圓形。

※田埂：田地裡隆起的細長土壤。

影像提供／東海電子顯微鏡解析（股）公司

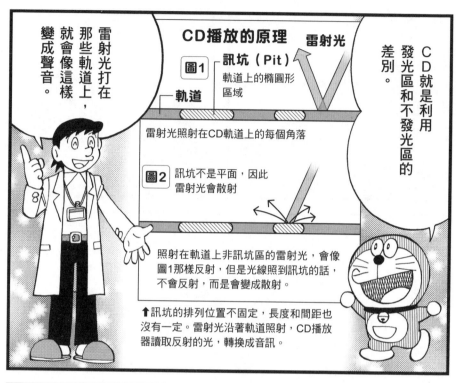

CD播放的原理

雷射光打在那些軌道上，就會像這樣變成聲音。

CD就是利用發光區和不發光區的差別。

雷射光

訊坑（Pit）
軌道上的橢圓形區域

圖1

軌道

雷射光照射在CD軌道上的每個角落

圖2
訊坑不是平面，因此雷射光會散射

照射在軌道上非訊坑區的雷射光，會像圖1那樣反射，但是光線照到訊坑的話，不會反射，而是會變成散射。

↑訊坑的排列位置不固定，長度和間距也沒有一定。雷射光沿著軌道照射，CD播放器讀取反射的光，轉換成音訊。

軌道上沒有橢圓形的區域。

順便補充一點，這張CD在錄進歌曲之前，是這個模樣。

↑沒有紀錄任何內容的CD-R的電子顯微鏡照片。

每張CD看起來都一樣會發光。

啊！好神奇

影像提供／東海電子顯微鏡解析（股）公司

購買時沒有任何紀錄的「CD-R」雖然是那樣的狀態，

不過……

CD錄音的原理

圖1

軌道

雷射光

讀取聲音的CD錄音機把聲音變成雷射光，朝CD的軌道射出。

圖2

訊坑

照到雷射光之後，形成橢圓形的訊坑。訊坑就是以這種方式接二連三產生。

↑照射雷射光，用高溫燒出的區域是訊坑。一旦形成訊坑，就無法復原，因此CD-R的紀錄無法消除。

有內容時，就會變成這樣，軌道上產生橢圓形區域。

哇，學到了！

本大爺的歌聲就是光之藝術啊！

對吧，各位？

好可怕的歌聲，就算沒聽到聲音也會……

只是看到CD身體就會不舒服……

這個頭痛是怎麼回事……

不行……好像快要窒息了……

哆啦A夢，快點想想辦法。

我們打開窗戶換換氣吧……我有個適合的道具。

※滴

開窗！

只要滴在眼睛上，就能夠讓看到的物品移動。

「念力眼藥水」。

※嘎啦啦啦

咦？

※颼～

打開了！

很好，接著只要新鮮空氣進來……

※吹跑

哇啊啊
啊啊！

怎麼了？
刮颱風嗎？

冷靜點！
只是強風
吹進房間
而已！

大家把手
抓牢，
別放開！

我們現在跟
灰塵一樣大，
所以才會
被吹跑！

※握緊

哇，
頭好暈！

我們要
飛去哪裡？
救命啊！

※颼～

靜香，你放心，
有我陪你。

就是因為
大雄在，
才不能
放心吧！

71

※咚匡

還好……

痛死了，大家都沒事吧？

小野老師，這個振翅聲和六角形，該不會是……

嗯，應該沒錯！

再加上這個突起物……

※嗡嗡嗡嗡

這些柱子是什麼？

底下有密密麻麻類似六角形磁磚的東西……

我聽到討厭的聲音，我們是降落在哪裡？

※嗡嗡嗡、嗡嗡嗡

72

※複眼是由許多「單眼」組合構成。

※嗡嗡、嗡嗡嗡

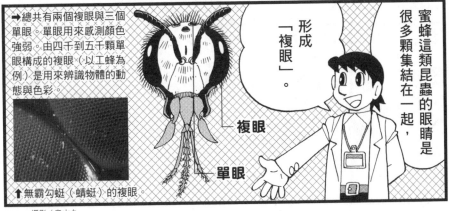

→總共有兩個複眼與三個單眼。單眼用來感測顏色強弱。由四千到五千顆單眼構成的複眼（以工蜂為例）是用來辨識物體的動態與色彩。

↑無霸勾蜓（蜻蜓）的複眼。

攝影／奧山久

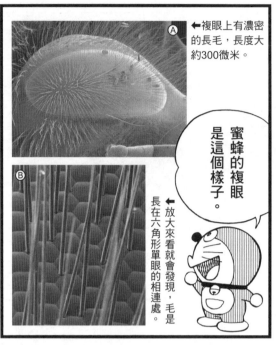

←複眼上有濃密的長毛，長度大約300微米。

蜜蜂的複眼是這個樣子。

那我們撞到的這些柱子是什麼？

那是長在複眼上的毛。

←放大來看就會發現，毛是長在六角形單眼的相連處。

意思就是這樣吧？這樣看得見東西嗎？

好可怕！

別擔心，不會影響視力。

啊。

毛長在單眼和單眼之間。

※嘰嘰、喀沙喀沙

啊，快看！

蜜蜂在哪裡降落了嗎？

振翅聲停止了。

這樣就不會妨礙看東西了。

不過，眼睛上長毛的用途是什麼？

待會兒就會知道了。

影像提供／矢口行雄（東京農業大學地域環境科學系教授）Ⓐ、阿達直樹Ⓑ

好多黃色物體在那邊飄浮！

那是什麼？

※漂浮

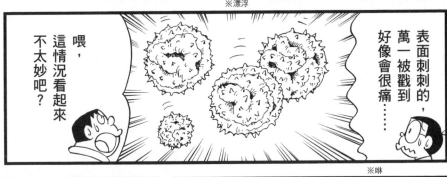

表面刺刺的，萬一被戳到好像會很痛……

喂，這情況看起來不太妙吧？

※啉

不用啦，那個是……

危險！快趴下！

※伏地

哇！掉下來了！

哦，是那個……

哆啦A夢，我們快逃！

※嗡嗡

沒錯，蜜蜂降落在蒲公英花上吸花蜜。

難道剛才……

蒲公英的花粉？

※喀沙喀沙喀沙

電子顯微鏡照片。直徑約30微米。

那些是蒲公英的花粉。

什麼啊，原來是花粉，嚇死人了。

影像提供／近藤俊三

76

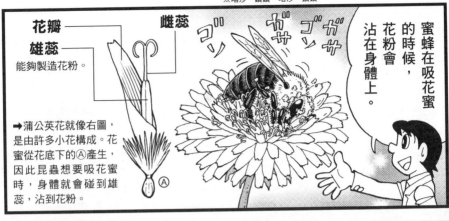

花瓣

雄蕊

雌蕊

能夠製造花粉。

→蒲公英花就像右圖，是由許多小花構成。花蜜從花底下的Ⓐ產生，因此昆蟲想要吸花蜜時，身體就會碰到雄蕊，沾到花粉。

蜜蜂在吸花蜜的時候，花粉會沾在身體上。

這就是複眼為什麼有毛的原因。

可是，沒有半顆花粉掉下來。

↑花粉（箭頭處）卡在毛上，不會碰到複眼。

影像提供／近藤俊三

我懂了！毛的用途就是避免花粉堵住複眼，對吧？

↑有毛在，就會擋住花粉和雜質等，避免沾到或傷害複眼。

↑如果沒有毛，花粉就會覆蓋複眼，阻擋視線。

……看不到

有了♥

↑蜜蜂的天敵「胡蜂」。

※嗡

沒錯。萬一被花粉擋住視線，沒注意到敵人靠近，那可就糟了。

睫毛

長在眼皮邊緣的毛，分為上眼睫毛和下眼睫毛。用途是要防止灰塵等異物進入眼睛，所以上眼睫毛比較長。

鼻毛

用鼻子吸入空氣時，可用來擋下灰塵，避免灰塵進入支氣管。

我們人類身上的毛髮也是同樣作用。

用來保護眼睛和鼻子遠離灰塵等物質。

生物的身體構造真厲害。

是啊。我們剛才觀察的是口罩等物品的構造，

不過縮小之後觀察生物的身體，也能夠發現許多了不起的原理喔。

※嗡

贊成！

グーン

尤其是蜜蜂，除了眼睛之外，還有許多有趣的地方。

好，那麼我們接下來就繼續探險吧！

78

生活中，有趣的知識
遠比你想像得多！

真正實用的知識百科！
★ 一本一主題，認識文化、歷史、生活中的大小事 ★

百變貓咪召喚機
關於貓咪的各種疑問，
這裡有答案！

萬能工作體驗箱
啟發未來職涯的想像，
是我們現在能為孩子做的。

天然災害防護罩
認識天災的成因與
最新防災技術，
為生存做好萬全準備！

發明家養成器
發明促進了文明生活，
帶你了解關於發明的
各種有趣知識。

蜜蜂的身體，要往哪邊去探險比較好玩呢？

出發前……

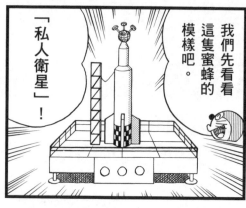

「私人衛星」！

我們先看看這隻蜜蜂的模樣吧。

火箭頂端裝上衛星發射出去，

衛星拍攝到的蜜蜂就會顯示在螢幕上。

怎麼全身都沾滿了花粉！

變成鮮黃色了。

如果蜜蜂也可以洗澡就好了。

複眼的毛上也卡著那麼多花粉呢。

蜜蜂雖然不洗澡，

不過牠會清理花粉喔。

牠正在弄掉沾在嘴巴附近的花粉。

牠用前腳在蹭嘴巴呢。

真的吔。腳上長好多毛。

蜜蜂的6隻腳內側全都有能夠弄掉花粉的「刷子」。

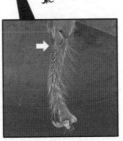

➡有長毛的前腳的電子顯微鏡照片。長毛的腳能夠抹掉沾在複眼和嘴巴等位置的花粉，也能看見清觸角用的清潔足（箭頭處，可參考89頁）。

所以再用「放大燈」放大到0.3毫米吧。

我們現在尺寸不太方便，

我們去瞧瞧吧？

※照射

影像提供／永田文男（TECHNEX工房）

変成和複眼上的毛差不多高了。

我們恢復到觀察靜香毛衣那時的尺寸了。

!?

※轟轟轟轟

哇啊啊啊！

※刷刷刷刷

剛剛那是什麼？

像根大樹幹一樣橫掃過來……

我想到了，剛才那是蜜蜂的前腳！

牠開始清理了嗎？

前腳？

蜜蜂把變大的我們當成是沾在複眼上的垃圾，所以想要清除。

哆啦A夢！

我們快點離開這裡！

又來了！

快點！

竹蜻蜓！竹蜻蜓！

哇啊啊啊！

※轟

※轟轟轟轟

逃開了！

幸好得救了⋯⋯

蜜蜂就是像這樣，用前腳除掉花粉。

↑以人類的手臂來打比方的話，就是手肘到手掌這一段能夠像雨刷一樣擺動，用前腳長毛的部分掃除沾在複眼上的花粉。

哇啊！

大雄，你要去哪裡？

它開始亂飛啊！

動作好靈活。

能不能想想辦法幫幫我？

抱歉，剛才太慌張了。

※嗡嗡

哇！這裡也滿滿都是毛！

誰來阻止我！

↑後腳內側花粉梳的電子顯微鏡照片，花粉都沾在毛上。

那是後腳內側的花粉梳。

蜜蜂主要是用前腳清除沾在身上的花粉，

不過還有後續動作喔。

那沾在毛上的黃色物體，都是花粉嗎？

毛變得像梳子，與複眼的毛一樣卡著花粉。

影像提供／永田文男（TECHNEX 工房）

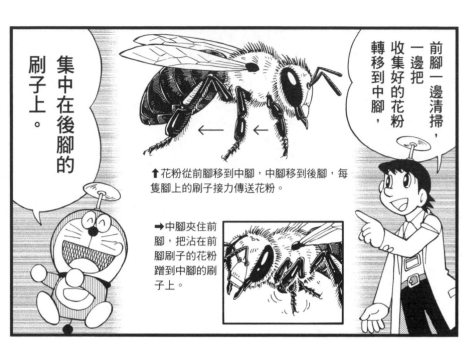

前腳一邊清掃，一邊把收集好的花粉轉移到中腳，

集中在後腳的刷子上。

↑花粉從前腳移到中腳，中腳移到後腳，每隻腳上的刷子接力傳送花粉。

→中腳夾住前腳，把沾在前腳刷子的花粉蹭到中腳的刷子上。

為什麼要把花粉集中？

因為要帶回去蜂窩當食物。

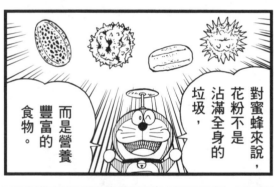

對蜜蜂來說，花粉不是沾滿全身的垃圾，而是營養豐富的食物。

我們離遠一點，看看花粉團的製作過程吧。

※嗡

花粉團？

注意看蜜蜂的後腳。

ゴー ゴー ゴー

※搓、搓

86

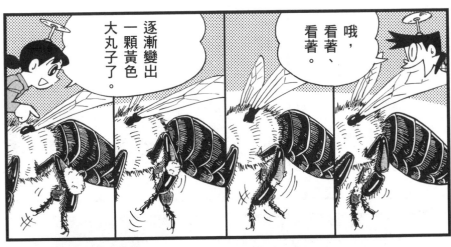

好好吃！

※喀沙喀沙喀沙

我去試一下味道！

住手，很危險！

※伸過來

微甜還有花香，讓人很想一吃再吃。

※擠壓擠壓擠壓

哇！好痛！

快來救我！

所以我說了危險嘛……

哎呀，跟花粉團揉在一起了。

顯微鏡揭開的生物祕密

除了蜜蜂的複眼毛、做花粉團的腳之外，各式各樣生物的精妙身體構造，也能夠透過顯微鏡照片一窺究竟。

蜜蜂 前腳有「清潔足」

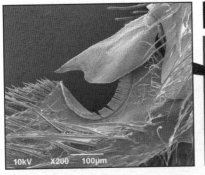

前腳

前腳有個右側照片顯示的半圓形凹洞。這部分如左下圖所示，能夠牢牢扣住觸角，清除沾在觸角上的花粉。

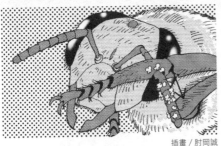

插畫／肘岡誠

清潔足扣住觸角根部，從根部往尖端移動前腳，就能夠清掉沾附的花粉。

螫針上有「倒鉤」

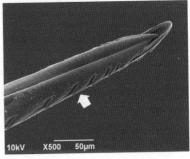

蜜蜂的螫針上有反向的倒鉤（箭頭處），因此刺到人類堅硬的皮膚，就無法拔除。

一刺到就拔不出來，所以蜜蜂會因身體一部分跟著螫針一起被拔下而死亡！

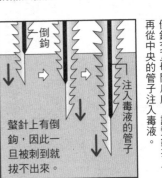

←螫針是由三個部分組成。左右的倒鉤交互切開皮膚，讓螫針插入，再從中央的管子注入毒液。

倒鉤

注入毒液的管子

螫針上有倒鉤，因此一旦被刺到就拔不出來。

影像提供／近藤俊三

蝸牛 擁有能削下食物的「齒舌」

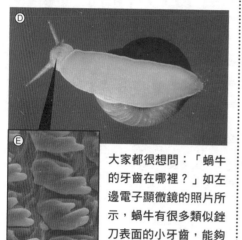

D

E

大家都很想問：「蝸牛的牙齒在哪裡？」如左邊電子顯微鏡的照片所示，蝸牛有很多類似銼刀表面的小牙齒，能夠削下植物吃。

→右邊的海螺等多數軟體動物，都擁有跟蝸牛一樣的牙齒。一旦磨損，就會長出新的替代。

很像是讓前翅與後翅合一的拉鍊。

胡蜂 前翅與後翅可以「自動」合一！

兩對四片的前翅與後翅，只在飛行時張開，藉由後翅的鉤（箭頭處）固定鎖合。翅膀收起時，鉤會解開，恢復成四片翅膀。

A

B

←前後翅膀合而為一，因此能更快速、更強力的拍打。

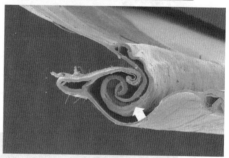

C

↑蟬的前翅以及後翅也是溝與溝互相咬合（箭頭處），使前後翅變成一片拍動。

影像提供／photolibrary Ⓐ、PIXTA Ⓑ、阿達直樹Ⓔ、近藤俊三（除了Ⓐ～Ⓔ之外）攝影／廣瀬雅敏Ⓒ、奧山 久Ⓓ

蝴蝶／蛾　翅膀的鱗粉插在「翅基」裡

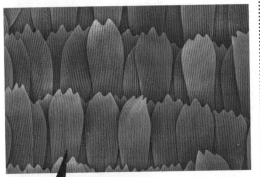

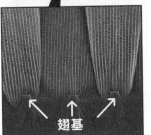

一字緊密排開的鱗粉（上），尖端插在翅膀的翅基（洞）裡，附著在翅膀上（左），不過很容易脫落……

翅基

滑開！

↑鱗粉很容易脫落，一般認為是遇到被天敵抓住等狀況時，方便逃脫的設計。

蚯蚓　利用剛毛勾住地面前進

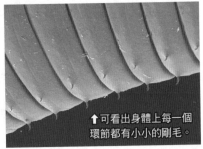

↑可看出身體上每一個環節都有小小的剛毛

蚯蚓如下圖所示，是利用伸縮的方式前進。前一節縮進後一節裡，並伸長沒有收縮的環節。此時收縮環節的剛毛負責抓住地面止滑。

➡行進方向　　　收縮

→收縮並拉住　　收縮　　伸長 ⬇

→收縮並拉住　　收縮　　繼續伸長 ⬇

利用剛毛抓住地面不動

鈴蟲　「美聲」的祕密是翅膀突出的部分

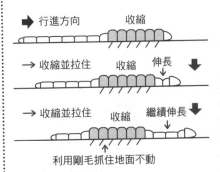

→只有雄蟲會叫。

右前翅背面類似銼刀的部分（上面照片箭頭處），與左前翅正面類似指甲的部分互相摩擦，就會產生聲音。

到這頁為止，這三頁介紹的都是生物身體的複雜構造，有不少資訊都是透過電子顯微鏡才首次揭曉。

也多虧有辦法得知生物身體的詳細構造，我們才能夠知道本來以為是同一物種的生物原來是不同種。電子顯微鏡也深深影響到生物的分類與發現。

感覺身上好像還是黏黏的。

不過，生物的身體有好多令人驚嘆的地方呢。

因為我們縮小了，才有機會知道。

第4章
從微型世界找到靈感

沒錯。有很多過去我們「不知道」、「覺得神奇」的事情，都是透過顯微鏡觀察才了解結構等細節的喔。

人類也利用那些觀察結果，發明出許多讓生活更便利的東西。

……比方說

這個就是其中一例。

※撕開

哦！差不多該吃下午茶了。

不行！

我不是要拿出來吃的。

各位請看容器封膜的內側！

有沒有發現什麼？

啊！

※撕開、沾到

上面沒有沾到優格！

沒錯。

手沾到封膜內側的優格時真的很討厭。

對吧？

※舔

※舔

我最喜歡舔封膜內側的優格了。

還有冰淇淋蓋子。

別管他們。

這個封膜內側的設計，是從某種植物的葉子，

得到的靈感。

葉子？

那種植物就在這個池塘裡，不過現在這個季節還看不到……

※啵

就用「夏天」的「季節罐頭」吧。

靠近池塘……

咦？怎麼回事？

池塘剛才明明空無一物……

打開。

好美喔！是蓮花。

「季節罐頭」一打開，就會有八個小時都是那個季節。

因為蓮花是在夏天盛開。

●蓮是在池底長出地下莖，在水上長出葉子的水生植物。7～8月開花。其地下莖稱為蓮藕，可食用。

意思是封膜內側模仿蓮葉嗎？

對。

那個銀色的封膜內側，

看起來跟蓮葉不像啊。

好可愛！好像寶石！

你們仔細看那些水珠。

那邊的蓮葉上正好有很多水珠。

那個嗎？

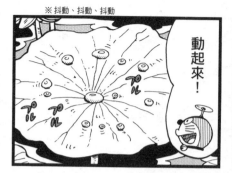

※抖動、抖動、抖動

動起來!

※滴

就用剛才的「念力眼藥水」,讓你們看看有趣的東西。

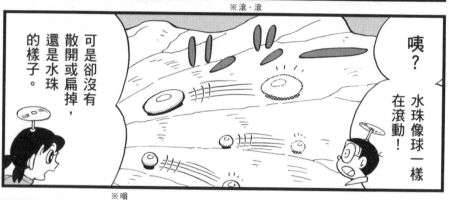

※滾、滾

咦?水珠像球一樣在滾動!

可是卻沒有散開或扁掉,還是水珠的樣子。

※嗡

胖虎,等等我們!

太好了,我第一個到!

祕密就在蓮葉的表面。

我們降落在蓮葉上看看。

哇,這啥?

咦咦?這就是蓮葉的表面嗎?

※咚

怎麼滿滿全是凸狀物？

↑蓮葉表面的電子顯微鏡照片，凸起的高度是幾微米。

影像提供／近藤俊三

問得好。

可是，防水對於蓮葉有什麼好處？

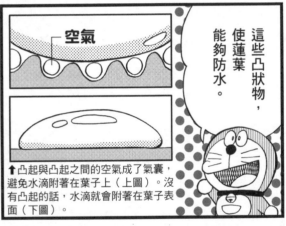

這些凸狀物，使蓮葉能夠防水。

空氣

↑凸起與凸起之間的空氣成了氣囊，避免水滴附著在葉子上（上圖）。沒有凸起的話，水滴就會附著在葉子表面（下圖）。

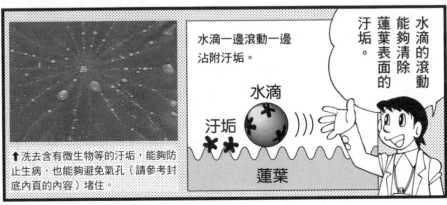

水滴一邊滾動一邊沾附汙垢。

水滴的滾動能夠清除蓮葉表面的汙垢。

水滴

汙垢

蓮葉

↑洗去含有微生物等的汙垢，能夠防止生病，也能夠避免氣孔（請參考封底內頁的內容）堵住。

影像提供／photolibrary

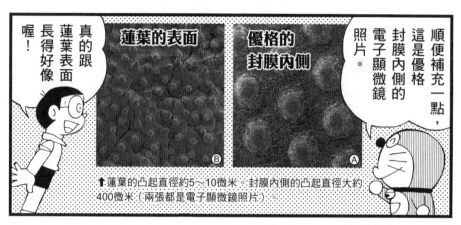

順便補充一點，這是優格封膜內側的電子顯微鏡照片。

蓮葉的表面 B

優格的封膜內側 A

真的跟蓮葉表面長得好像喔！

↑蓮葉的凸起直徑約5～10微米。封膜內側的凸起直徑大約400微米（兩張都是電子顯微鏡照片）。

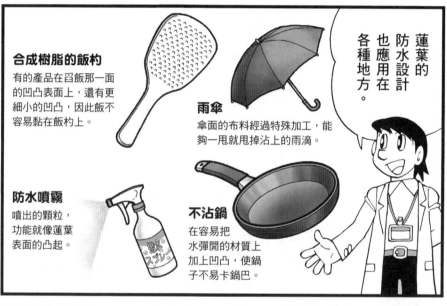

蓮葉的防水設計也應用在各種地方。

合成樹脂的飯杓
有的產品在舀飯那一面的凹凸表面上，還有更細小的凹凸，因此飯不容易黏在飯杓上。

雨傘
傘面的布料經過特殊加工，能夠一甩就甩掉沾上的雨滴。

防水噴霧
噴出的顆粒，功能就像蓮葉表面的凸起。

不沾鍋
在容易把水彈開的材質上加上凹凸，使鍋子不易卡鍋巴。

我們家的飯杓也是那一種的。

用途真的很多呢。

如果可以觀察水珠帶走汙垢的實況就好了。

有沒有什麼垃圾呢？

沒道理特地把蓮葉弄髒吧？

影像提供／近藤俊三Ⓐ、綜合環境企業 MIYAMA（股）公司Ⓑ

※咻、搖晃搖晃、滑滑滑

哇，起風了！

※滾、跳開

大家快閃開！

哇！

※滾、滾

哦，水珠滾走了！

滾過來了！

※滾滾、滾

救我啊！

今天又是被做成花粉團，又是被水滴帶走，真是有夠忙的。

從蓮葉的立場來看，大雄也是一種汙垢。

向生物學習了不起的技術 Part 1

透過顯微鏡發現的生物祕密之中，有許多成為讓生活更美好的技術與產品的靈感來源。這些內容將在這兩頁，以及111～113頁中介紹。

蝸牛殼→不易卡垢的磁磚

蝸牛不可能洗澡，但是蝸牛殼卻總是很乾淨，這是因為蝸牛殼的表面有許多細溝（請看左邊圓形的電子顯微鏡照片）。不易卡垢的建築物外牆壁磚，就是應用這個構造。

油汙

溝　　蝸牛殼　水膜

雨

雨水

← 蝸牛殼的表面總是覆蓋一層積在淺溝裡的水膜，汙垢因此不會附著在蝸牛殼上，而是浮在膜的表面（上），所以一下雨就會被沖走（下）。

高牆很難清掃，有了這種磁磚，真是幫了大忙！

建築物的牆壁可以一直保持乾淨！

一下雨就自動洗去髒汙的外牆，幾乎不需要耗費人力打掃，也不用清潔劑。

↑磁磚噴上細小的二氧化矽顆粒，就能夠達到與蝸牛殼同樣的效果。

A

眼睛表面
有小凸起！

B

蛾的眼睛→
抑制光反射的薄膜

夜行性的蛾，眼睛表面有容易吸收夜晚微弱光亮、不易反射光線的構造。抑制光反射的薄膜就是模仿這個構造。

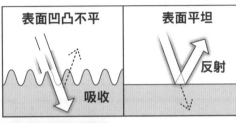

表面凹凸不平	表面平坦
吸收	反射

C

↑眼睛表面有細小的凸起，因此能夠吸收光線，抑制光反射。

←眼睛不會反射光線，就不易被天敵發現，也方便在夜間行動。

阻止倒影！

把這樣的透明薄膜貼在電視螢幕上，就能夠防止倒影影響觀看。

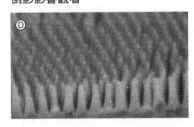

D

←透明薄膜的表面就像蛾的眼睛構造，密佈著無數的小凸起。

除了蝸牛與蛾之外，還有不少生物的身體表面都有著生存所需的各種出色構造。

比方說，住在沙漠裡的甲蟲遇到起霧時，能夠用背上的細小凹凸構造收集霧氣中的水分。

研究人員將這樣的凹凸背部構造，應用在乾燥地區收集空氣中水分的裝置上。

E

有膜 ┊ 無膜

↑上圖畫框中的玻璃只有左半邊有貼膜，因此左半邊玻璃下的畫能夠看得很清楚。相反的，右半邊的玻璃會反光，倒映出四周的景物，不易看清楚玻璃下的畫。

蓮葉的防水能力真厲害。

除了蓮葉之外,還有其他模仿生物身體構造的東西嗎?

當然有。

我可不想再被水珠當成垃圾處理了。

我們快點離開這裡吧。

※咚

這、這是啥?

是壁虎!

→日本大守宮（*Gekko japonicus*），又稱多疣壁虎，棲息在人類住宅與四周，以吃昆蟲等小動物維生的爬蟲類。全長10～14公分。腳趾內側稱為「趾下皮瓣」的鱗片構造，使牠能貼在牆壁上移動。順便補充一點，「蠑螈」是兩棲類動物。

從哪兒來的?

大概原本被鳥叼著，不小心弄掉了。

錯了……

仔細一看，眼睛圓滾滾的，很可愛呢。而且看起來很乖巧。

大家快逃!

壁虎會吃昆蟲等小動物。

什麼!

那是什麼?

胖虎，你把這個丟向壁虎。快點!

「放大燈」！

去吧！

好，就讓你們瞧瞧巨人隊王牌的實力，我負責這個。

看著！

※丟、照射　　　　　　　　　※掏出、高舉

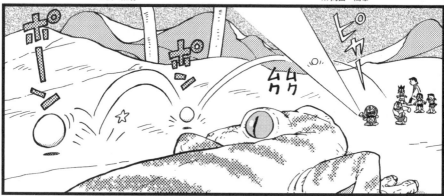

※一口咬下　　　　※咚、咚、變大變大、亮

牠吃掉了！

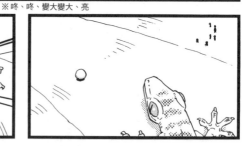

坐壁虎？

我們坐上壁虎移動吧！

哆啦Ａ夢，剛才那個該不會是……

大家可以放心了。

我把「桃太郎丸子」變大讓牠吃下。

104

哎哎？這怎麼回事？

吃下丸子的動物，就會聽從指示。

哆啦A夢，我們要去哪裡？

去能夠欣賞壁虎超強技能的地方。

※踏踏踏踏

好啊，壁虎快加速！

※踏踏踏踏踏

正好有適合的牆壁，我們就去那棟建築物吧。

※四處張望

ちょろ
ちょろ

來，爬上去。

停住了。

大家下來吧。

ピ
句

※定住不動

好厲害！好像忍者！

為什麼牠不會掉下來？

祕密就在牠的腳上。

哇！

我們靠近點，

去瞧瞧吧！

是牠的腳底有類似章魚吸盤的東西嗎？

對喔，原來如此！

壁虎，給大家看看你的腳。

咦？

※嘶

106

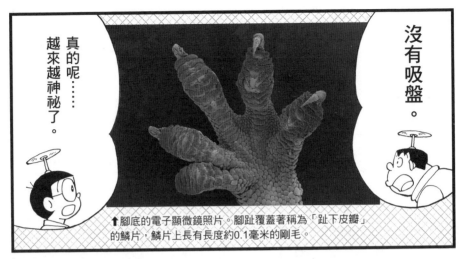

沒有吸盤。

真的呢⋯⋯越來越神祕了。

↑腳底的電子顯微鏡照片。腳趾覆蓋著稱為「趾下皮瓣」的鱗片，鱗片上長有長度約0.1毫米的剛毛。

腳趾的剛毛就是關鍵。

又輪到「放大液」登場了。

借我抹一下。

※抹、抹

都是毛！

像刷子一樣，剛毛的尖端還有細小分支。

牠能夠在牆壁和窗戶玻璃行走，靠的就是這些細毛。

↑腳趾剛毛的電子顯微鏡照片。

影像提供／近藤俊三

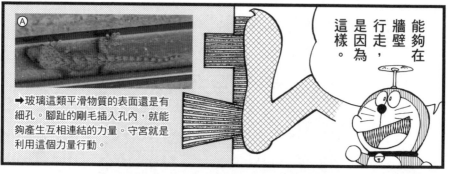

能夠在牆壁行走，是因為是這樣。

→玻璃這類平滑物質的表面還是有細孔。腳趾的剛毛插入孔內，就能夠產生互相連結的力量。守宮就是利用這個力量行動。

就是這個有趣的膠帶。

有喔。

這個構造也有應用在其他地方嗎？

嗯。

如何？很了不起吧？

你們試試看把膠帶從寶特瓶上拿下來。

唔唔唔！完全拔不下來！

你說是膠帶，可是上面沒有膠……

你有寶特瓶嗎？

※緊貼

你看，輕輕鬆鬆拿下來了。

只是，拔下來需要一點小訣竅。

咦咦？

甚至還有這樣的實驗結果。

←1公分的壁虎膠帶能夠支撐裝有五百毫升水的寶特瓶

★寫給家長：在本書的漫畫中，是徒手使用壁虎膠帶，但考慮到產品的性質，建議用鑷子等工具夾取。另外，強行拉扯壁虎膠帶不易拔下來，不過，只要往斜上方一拉，就能夠輕鬆取下。

這個叫「壁虎膠帶」，就是模仿壁虎的腳趾構造研發出來的產品。

膠帶沒有使用黏著劑，所以不會弄髒接觸面，也不會有殘膠。

↑這條線的長度是1微米。

哇，好細！

抹上「放大液」試試。你們看，就是像這樣。

既然是模仿壁虎，也就是說這種膠帶也有剛毛嗎？

上面使用的是稱為「奈米碳管」的極細纖維。

每1平方公分就有一百億根纖維。

→壁虎膠帶。黑色部分全都是奈米碳管。

© NASA/Alex Gerst

一百億根！

↑壁虎膠帶也耐真空、低溫、高溫等環境。或許在太空作業時，可用來暫時固定物品。

影像提供／近藤俊三Ⓐ、日東電工（股）公司ⒷⒸⒹ

啊。

真好玩。

黏住，然後，撕掉。

※貼住

咦？拿不下來？

痛死了！痛死了！

痛痛痛！

不過這個膠帶最棒的地方，就是可以輕鬆撕下……

※用力扯

※拉住

夠了！快把你的手放開！

※放開

居然連這種指令都服從……

「桃太郎丸子」真厲害……

哇！

※咻、咚

向 生物 學習了不起的 技術 Part 2

「閃蝶的翅膀」、「鯊魚的魚鱗」、「蚊子的嘴巴」，都有著驚人的祕密！

閃蝶的翅膀→不需要染色就能看到顏色？

影像提供／LEXUS
INTERNATIONAL Ⓐ Ⓓ、
近藤俊三 Ⓑ Ⓒ、
帝人（股）公司 Ⓔ

棲息在中南美洲的這種蝴蝶，擁有鮮藍色的翅膀（可參考第3頁），事實上牠的翅膀是半透明的，沒有顏色。祕密在於覆蓋在翅膀上的細粉「鱗粉」。

翅膀上的鱗粉與剖面（右）

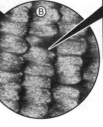

↑鱗粉剖面的電子顯微鏡照片。光照在鱗粉上，只會反射藍光，因此翅膀看起來是藍色。
←翅膀上的鱗粉像鱗片般整齊排列著。

利用光反射顯現美麗顏色

將閃蝶翅膀鱗粉上的構造，應用在汽車的車身、禮服的布料等。

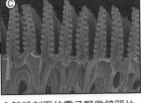

↑塗上特殊顏料，使車身看起來閃耀著藍色的「Lexus LC500限量版風馳藍跑車」（可參考第3頁）。

←利用光反射纖維製作的禮服。

還有其他和閃蝶一樣利用光反射顯現身體顏色的生物嗎？

吉丁蟲、翠鳥的鮮豔色彩也都是這樣來的。

↓游泳動作流暢的鯨鯊。

鯊魚的魚鱗→加快游泳速度的泳衣

在水中前進時，會感受到一股阻止前進的力量，稱為「水阻力」。鯊魚的魚鱗表面上有許許多多的小溝，可以有效減少水阻力，因此能夠加快游速。

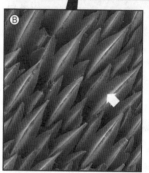

← 前進方向　　非鯊魚類	← 前進方向　　　　鯊魚
─水流渦漩　　　─身體表面	身體表面
阻止前進的力量在身體表面附近產生。	水流渦漩遠離身體表面，因此可輕鬆游動。

↑在水中前進時，阻止前進的小小水流渦漩，沿著身體表面產生，形成水阻力。　←魚鱗的電子顯微鏡照片。因為魚鱗的表面有溝（箭頭處），水流渦漩能夠稍微遠離身體表面，使游速加快。

除了泳衣之外，也應用在汽車等產品

表面有溝的鯊魚魚鱗構造，不只能夠減少水阻力，也能減少空氣阻力。因此，除了底下能夠加快游速的泳衣之外，這項構造也應用在汽車與飛機主體的表面塗裝上。

競速泳衣

←能夠像鯊魚魚鱗一樣減少水阻力的「Fastskin」泳衣。

賽車

©STI

↑「SUBARU WRX STI」的比賽用車。車身表面有模仿鯊魚魚鱗的特殊塗裝，能夠有效減少行進時的空氣阻力。

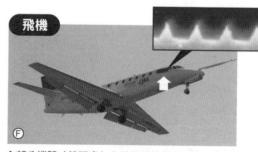

飛機

↑部分機體（箭頭處）有特殊塗裝的測試機。上面的小圖是塗裝剖面的放大照片。模仿鯊魚魚鱗表面的構造，能夠減少空氣阻力，並減少燃料的耗費。

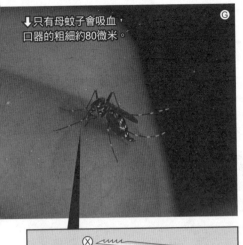

↓只有母蚊子會吸血，口器的粗細約80微米。

G

《蚊子的嘴巴→注射針》

多數人被蚊子叮咬的時候，不會有什麼感覺，後來覺得癢才發現自己被叮了。這是因為蚊子口器的構造與一般的針不同，刺到時不易感覺疼痛。

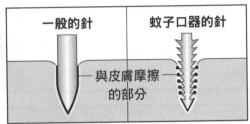

一般的針	蚊子口器的針
與皮膚摩擦的部分	

↑蚊子口器上鋸齒狀的針，與一般針相比，與皮膚摩擦的面積較小，因此不易覺得痛。

←蚊子的口器是由六根針所構成，插入皮膚的就是這六根針。蚊子先用最外側鋸齒狀的針Ⓧ Ⓩ割開皮膚，再以吸管狀的Ⓨ吸血。

這根針會分泌防止血液凝固的唾液。

Ⓧ
Ⓨ
Ⓩ

尖端鋸齒狀的注射針

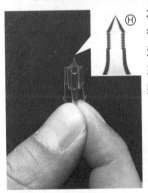

Ⓗ

左邊是從蚊子口器得到靈感而製作的注射針，尖端放大來看會發現是鋸齒狀（右上）。

←使用合成樹脂製作，抽血時使用，不易留下傷口，針抽出後的出血也很快就會停止。

目前為止我們介紹的都是仿效生物「身體構造」的技術，另外也有很多是模仿「動作與行動」的產品。

比方說，模仿蚯蚓的移動方式（可參考九十一頁），可在狹窄場所活動的機器人，未來可能應用在腸道檢查。

除了蚯蚓機器人之外，科學家也正在研究昆蟲、鳥類等各式各樣不同生物的動態。

不讓人覺得痛，就能夠避免遭到對方反擊。

影像提供 /
photolibrary Ⓐ、
近藤俊三Ⓑ、
Speedo Ⓒ Ⓓ Ⓔ、
JAXA Ⓕ、
Lightnix Inc. Ⓗ
攝影 / 朝倉秀之Ⓖ

原來運用顯微鏡研究生物身體的知識所製造出來的東西有這麼多啊。

給你們看個有趣的東西。

沒錯。

能了解那些原理就已經夠厲害了，甚至還有辦法模仿，不覺得很佩服嗎？

不就是一元硬幣、一粒米，還有一根頭髮嗎？

你們拿放大鏡看仔細。

來。

咦？

咦？一元硬幣的上面有小螺絲！

這個居然不是頭髮，是細彈簧！

不會吧！米粒上面放著齒輪！

螺絲釘和彈簧是金屬經過特殊機械加工製成。

←製作方法是，用兩片有溝的板子挾著螺絲釘平行移動。

齒輪是把塑膠倒入非常小的模型裡製成。

←加熱融化的合成樹脂倒進模型裡，冷卻之後拆掉模型。

所以才能夠做出優格封膜內側的細小凸起吧。

這些都是精密機械不可或缺的零件。

日本製作精密物品的技術很強，有能力製作的人與工廠也很多。

現在已經能夠做出，

比這些螺絲釘和齒輪更小？

更小的東西了。

那肉眼不就看不見了嗎？

沒錯，已經小到是原子和分子的尺寸了。

製作時，是操控奈米大的工具，

所以那項技術稱為「奈米科技」。

↑原子（照片中明亮的點）排列組成的英文字母S和n（n是小寫）。連這個都能辦到！

影像提供／杉本宜昭（東京大學新領域創成科學研究所副教授）

那個奈米科技可以製作什麼東西？

有個叫奈米碳管的東西，

還記得嗎？

就是壁虎膠帶使用的極細纖維。

影像提供／日東電工（股）公司

就是這個。

這個黑色粉末就是奈米碳管？

這是最具代表性的奈米科技製作素材。

它的形狀很特別，我們一起來瞧瞧。

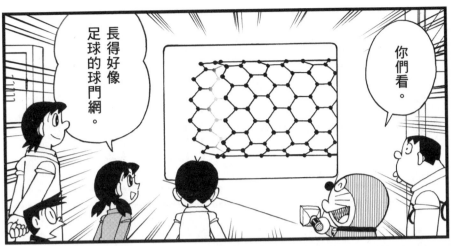

你們看。

長得好像足球的球門網。

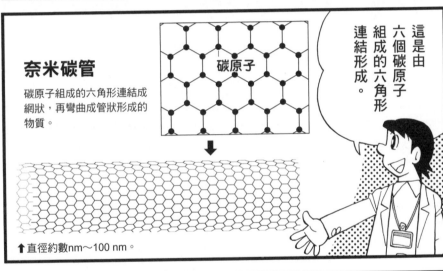

這是由六個碳原子組成的六角形連結形成。

奈米碳管

碳原子組成的六角形連結成網狀，再彎曲成管狀形成的物質。

碳原子

↑直徑約數nm～100 nm。

那個是什麼道具？

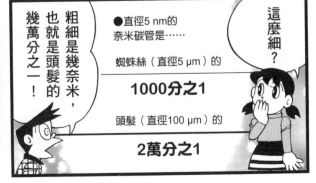

這麼細？

粗細是幾奈米，也就是頭髮的幾萬分之一！

● 直徑5 nm的奈米碳管是……

蜘蛛絲（直徑5 μm）的
1000分之1

頭髮（直徑100 μm）的
2萬分之1

這是「幻想燈」。

可以顯示拿燈者的想法。

你們大家看到的是我腦子裡想的奈米碳管。

好長啊。

把大雄縮小，讓他在碳管裡跑跑看。

這也是哆啦A夢的想像嗎？

不愧是大雄。

果然累了。

這麼長？

已經跑30分鐘了。

喂！你幹嘛把我想像成那麼廢！

抱歉、抱歉。

118

可是，奈米碳管的長度是粗度的十幾萬倍。

對於在想像畫面中的大雄來說，距離或許相當於從東京跑到大阪。

外觀看起來像粉末，沒想到有那麼長！

長度

直徑

●以直徑2nm、長度0.5mm的奈米碳管為例，假設直徑是2公尺的話，長度就是500公里※了，相當於東京到大阪的距離（以搭乘火車或開車為例）。

※注：台灣本島的南北長度是394公里（北起富貴角，南到鵝鑾鼻）。

哎，因為大雄在管子裡睡到作夢嘛。

不是那個意思……

奈米碳管不只細長，而且是夢寐以求的材料！

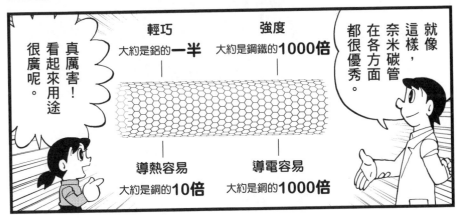

真厲害！看起來用途很廣呢。

就像這樣，奈米碳管在各方面都很優秀。

輕巧 大約是鋁的**一半**

強度 大約是鋼鐵的**1000倍**

導熱容易 大約是銅的**10倍**

導電容易 大約是銅的**1000倍**

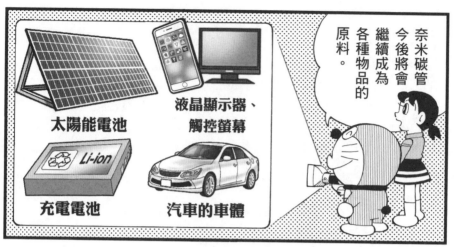

奈米碳管今後將會繼續成為各種物品的原料。

太陽能電池

液晶顯示器、觸控螢幕

充電電池

Li-ion

汽車的車體

奈米科技似乎將會大幅改變我們的生活。

已經改變了。現在有很多東西都能夠做得更小了。

➡數位相機、個人電腦、行動電話等的功能，全都縮小放進手掌大的智慧型手機裡。智慧型手機就是「做得更小」的代表產品。

未來將能夠把數萬冊的書籍內容，全部保存在一顆方糖大的空間裡。

變成那麼小，漫畫不就看不清楚了！

不是書本縮小啦……

其他還有做得更小，性能會提升更多倍的東西。

例如：充電電池縮小的話……

❶相同性能的東西，尺寸卻縮小成九分之一，也就是說充電能力是原本的9倍。

 相同性能的電池

相同性能的電池

❷相同性能的東西，假設做成三分之一的大小，耗費的材料與安裝空間也就只需要三分之一。

這樣就能夠節省能源與資源了。

而且做得比較小，很多過去做不到的事物就能實現。比方說Drug傳送系統！

Dragon傳送系統嗎？聽起來超帥的！

※注：Drug（藥物）與 Dragon（龍）的日文發音類似。

那是只把藥物傳送到生病位置的系統。

能夠用比較少的藥，更安全的醫治疾病呢。

鎖定癌細胞的藥物傳送系統（Drug Delivery System，簡稱DDS）

目前正在研究，把裝藥的極小膠囊送進血管裡，只攻擊癌細胞。

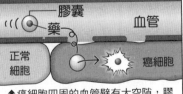
膠囊　藥　血管　正常細胞　癌細胞

↑癌細胞四周的血管壁有大空隙，膠囊會穿過空隙，抵達癌細胞並釋出藥物。這樣子就能夠以少量藥物更安全的治療疾病了。

「小」的力量真偉大。

這個道具不僅可以播放自己的想法，也可以播放回憶喔，你看。

啊，這是我們縮小在看我的毛衣的時候。

哆啦A夢的祕密道具也很厲害。

那個「幻想燈」看來也運用了奈米科技。

……大概吧。

嗯？

這樣一想，我們今天遇到好多事呢。

這是我們降落在蜜蜂眼睛上的時候。

奈米科技催生出的夢幻新素材

除了奈米碳管之外，還有兩種素材因奈米科技的進步，
即將大幅改變我們的生活！

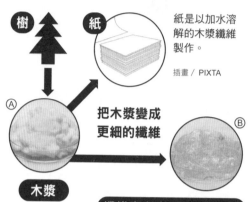

樹 → 紙

紙是以加水溶解的木漿纖維製作。

插畫／PIXTA

(A)

把木漿變成更細的纖維

(B)

木漿

紙的材料是把木材變成幾十微米寬的纖維。

纖維素奈米纖維（CNF）

把木材變成幾奈米寬的纖維製成，吸水後會變成果凍狀。

拯救地球的「透明紙」

使用寬度只有幾奈米的木頭纖維製作。沒有用到石化原料，比塑膠堅硬又耐熱。期待將來有機會廣泛應用在汽車零件、建築物等的材料上。

(C)

← 像透明薄膜般的纖維素奈米纖維（Cellulose Nanofibers，簡稱CNF）片。

纖維素奈米纖維（CNF）厲害在這裡！

優點❶：比鐵強韌且輕盈

強度是鐵的五倍，重量是五分之一。未來有可能製造出右圖這樣，車體使用纖維素奈米纖維（CNF）的汽車？

(D)

優點❷：環保

也能用雜草、蔬菜水果等的殘渣製作，用不著擔心原料短缺。另外，廢棄時可燃燒，也可經由微生物分解，可說是相當環保。

纖維素奈米纖維（CNF）的纖維，

大約只有頭髮粗細的二萬分之一！

進入「到處都有太陽能電池」的時代

目前的太陽能電池主要是使用「結晶矽（單晶矽或多晶矽）」，因此有底下列出的缺點。不過最近幾年已經研發出能夠克服這些缺點的新材料「鈣鈦礦」。

↑結晶矽太陽能電池很厚重，因此目前設置時需要大片的土地。

```
·············現有太陽能電池的缺點·············
①太陽能板厚重，因此設置場所有限。
②難以製作成其他形狀。
```

薄如貼紙的太陽能電池！

鈣鈦礦太陽能電池能夠做成薄膜狀，而且發電能力不輸給結晶矽太陽能電池。以下兩個優點，使它成為值得期待的新一代太陽能電池。

優點①：可設置在任何地方

又輕又薄還可彎曲，而且是半透明，可貼在車身或建築物使用。

大樓

電動車　　**溫室**

↑除了上圖的使用方式之外，還能夠隨身攜帶，因此也可當作辦活動、災害發生地點的緊急電源。

優點②：製作簡單

↑製作方式是把液體狀的鈣鈦礦塗在金屬板上再延展成薄膜，做法很簡單，而且成本也比結晶矽太陽能電池便宜。未來或許還能夠利用印表機製作？

難題是「如何變大」

↑鈣鈦礦太陽能電池的面積變大，發電效率就會下降，這些都是有待解決的問題。目前正在開發能夠克服這些問題的技術。

我們的能源與原料多數都來自於石油，但是這裡介紹的兩種新素材，全都有助於擺脫對石油的依賴。

尤其是纖維素奈米纖維（CNF），日本國土面積有七成是森林，能夠做到原料自給自足，因此相關產業都十分熱衷於投入研究開發。幾年後，日本或許將成為全球數一數二的「CNF大國」。

 影像提供／王子製紙集團ⒶⒷⒸ、日本環境省Ⓓ、PIXTAⒺ、新能源產業技術綜合開發機構（NEDO）Ⓕ

漫畫作者

藤子・F・不二雄
■漫畫家

本名藤本弘（FujimotoHiroshi），1933年12月1日出生於富山縣高岡市。1951年以漫畫《天使之玉》出道，正式成為漫畫家。以藤子・F・不二雄之名持續創作《哆啦A夢》，建構兒童漫畫新時代。
主要代表作包括《哆啦A夢》、《小鬼Q太郎（共著）》、《小超人帕門》、《奇天烈大百科》、《超能力魔美》、《科幻短篇》系列等。2011年9月成立了「川崎市　藤子・F・不二雄博物館」，是一間展示親筆繪製的原稿、表彰藤子・F・不二雄的美術館。

日文版審訂者

近藤俊三

1972年畢業於北里衛生科學專門學院，東京大學獸醫學博士。按照時間線觀察並研究實驗小鼠的誕生過程，獲得日本電子顯微鏡學會（現在的公益社團法人日本顯微鏡學會）技術功勞獎暨論文獎。擔任日本電子公司的技術顧問，也使用公司的電子顯微鏡協助各小學的自然科學課程。著作包括《掃描式電子顯微鏡圖集：實驗小鼠的誕生》（岩波書店，2003年）等共著作品。

台灣版審訂者

陳俊堯

慈濟大學生命科學系助理教授，專長為微生物與微生物生態學，在風光明媚的花蓮釀造細菌人。也是科普作家，著有《值得認識的38個細菌好朋友》和《細菌好朋友 2》。這輩子的願望是讓這個星球的人發現細菌可愛，讓更多人喜歡細菌。

譯者簡介

黃薇嬪

東吳大學日文系畢業。大一開始接稿翻譯，至今已超過二十年。兢兢業業經營譯者路，期許每本譯作都能夠讓讀者流暢閱讀。主打低調路線的日文譯者是也。

【參考資料】

＊矢口行雄著《用電子顯微鏡看超微觀的世界》（誠文堂新光社，2010）

＊《顯微鏡下好吃驚！微觀世界大研究　尋找生物的秘密》（PHP 研究所，2012）

＊近藤俊三著《探險！發現！微觀不思議　用電子顯微鏡看 1/1000 mm 的世界》（少年寫真
　新聞社，2013）

＊山村紳一郎著《拉近、攝影不可思議的世界！微觀相片館》（誠文堂新光社，2013）

＊《哆啦 A 夢　更多！不可思議的科學 Vol.1》（小學館，2013）

＊《哆啦 A 夢科學任意門：小小世界顯微鏡》（小學館，2014）

＊《用眼觀察的 1 mm 圖鑑》（東京書籍，2015）

＊《從生物的外型與動作學習科技》（PHP 研究所，2017）

＊《從生物學習　技術的圖鑑》（成美堂出版，2018）

＊中島春紫著《簡單易懂　微生物之書》（日刊工業新聞社，2018）

【參考網頁】

＊株式會社東海電子顯微鏡解析特集頁面：http://tokai-ema.com/kaisekijirei.html

＊小文的小咖啡館──採集蜜與花粉的蜜蜂（西方蜜蜂 2 ─觸角、腳、複眼─）：
　http://www.technex.co.jp/tinycafe/discovery63.html

＊貓的尾巴──小生物的觀察記錄：http://plankton.image.coocan.jp/

＊掃描電子顯微鏡照片資料集：http://www.asahi-net.or.jp/~qf7n-adc/gazou.html

哆啦Ａ夢科學大冒險 ❸
觀察微物小宇宙

- 角色原作／藤子・Ｆ・不二雄
- 日文版審訂／近藤俊三（日本電子公司技術顧問）
- 漫畫／肘岡誠
- 翻譯／黃薇嬪
- 台灣版審訂／陳俊堯

- 發行人／王榮文
- 出版發行／遠流出版事業股份有限公司
- 地址：104005 台北市中山北路一段 11 號 13 樓
- 電話：(02)2571-0297　傳真：(02)2571-0197　郵撥：0189456-1
- 著作權顧問／蕭雄淋律師

20222 年 2 月 1 日 初版一刷　2024 年 5 月 1 日 二版一刷

定價／新台幣 299 元（缺頁或破損的書，請寄回更換）

有著作權・侵害必究　Printed in Taiwan

ISBN　978-626-361-653-0

遠流博識網　http://www.ylib.com　E-mail:ylib@ylib.com

ドラえもん　ふしぎのサイエンス──ミクロのサイエンス

Copyright © 2020 Fujiko Pro ©Shogakukan Inc.

◎日本小學館正式授權台灣中文版

- 發行所／台灣小學館股份有限公司
- 總經理／齋藤滿
- 產品經理／黃馨瑝
- 責任編輯／李宗幸
- 美術編輯／蘇彩金

國家圖書館出版品預行編目(CIP)資料

哆啦Ａ夢科學大冒險. 3：觀察微物小宇宙／日本小學館編輯撰文；
藤子・Ｆ・不二雄角色原作；肘岡誠漫畫；黃薇嬪翻譯. --
二版. -- 臺北市：遠流出版事業股份有限公司，2024.05
面；　公分. --（哆啦Ａ夢科學大冒險；3）

譯自：ドラえもんふしぎのサイエンス：ミクロのサイエンス
ISBN 978-626-361-653-0（平裝）

1.CST: 科學　2.CST: 漫畫

307.9　　　　　　　　　　　　　　　113004429

DORAEMON FUSHIGI NO SCIENCE—MICRO NO SCIENCE—
by FUJIKO F FUJIO
©2021 Fujiko Pro
All rights reserved.
Original Japanese edition published by SHOGAKUKAN.
World Traditional Chinese translation rights (excluding Mainland China but including Hong Kong &
Macau) arranged with SHOGAKUKAN through TAIWAN SHOGAKUKAN.

※ 本書為 2021年日本小學館出版的《ミクロのサイエンス》台灣中文版，在台灣經重新審閱、編輯後發行，
因此少部分內容與日文版不同，特此聲明。

T4噬菌體的長度
0.2 μm

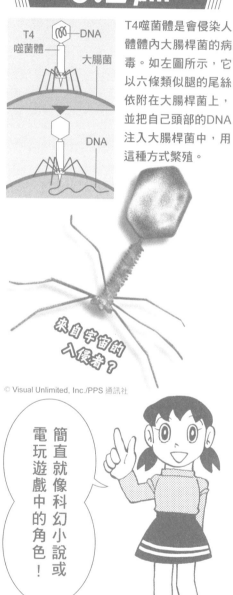

T4噬菌體是會侵染人體體內大腸桿菌的病毒。如左圖所示，它以六條類似腿的尾絲依附在大腸桿菌上，並把自己頭部的DNA注入大腸桿菌中，用這種方式繁殖。

來自宇宙的入侵者？

© Visual Unlimited, Inc./PPS 通訊社

簡直就像科幻小說或電玩遊戲中的角色！

影像提供／近藤俊三④©、新潟縣愛鳥中心紫雲寺鳥鳴之都⑧、金澤市①、箔一（股）公司⑥
攝影／山村紳一郎⑥

金箔的厚度
0.1 μm

金箔經常使用在寺廟、神社的建築物與藝術工藝品等。要把重量約2公克的黃金敲打成一張榻榻米的大小，因此金箔像膜一樣薄。

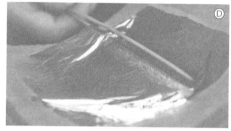

➡先將黃金延展到厚度1微米，之後再夾在兩張和紙之間，繼續用機械敲打，直到厚度剩下0.1微米。

宇宙沙塵的大小
0.01～10 μm

宇宙沙塵是降落在地球的宇宙塵埃，你可以想成是超級小的隕石。據說每天會有大約一萬公噸的宇宙沙塵掉落在地球表面。

⬅宇宙沙塵之中，主要成分是鐵的物質，在掉落地球表面時，與大氣摩擦生熱熔化，又立刻冷卻凝固，因此是球形。

➡你可以試著將顯微鏡的載玻片抹上薄薄一層油，放在室外靜置一天後，以顯微鏡觀測，如果看到照片⑥的東西，有可能就是宇宙沙塵。